# 网站构建技术

主　编　金红旭　王　丹
副主编　崔　凯　刘士贤　卢晓丽
　　　　刘　梅　王　茹
参　编　周　珩　姜胜梅　袁璐璐

北京理工大学出版社
BEIJING INSTITUTE OF TECHNOLOGY PRESS

## 内容简介

本书以实际网站前端开发项目贯穿始终，以基于工作过程的项目开发教学模块构成了系统的课程教学内容体系。所有教学内容符合 Web 前端开发岗位需求。重点介绍在 Dreamweaver 软件中如何运用 XHTML、CSS 及 JavaScript 程序代码来制作符合 Web 标准的网页。"技术原理"与"配套工具"相配合，先讲清原理，再实际操作；强调"综合"掌握相关技术，"综合"使用相应软件和工具，使读者可以熟练地掌握它们，并设计制作出高质量的网页。

本书适合作为计算机网络技术专业、软件技术专业、数字媒体技术等相关专业的教材，也可以作为 Web 开发人员及爱好者的参考书。

**版权专有　侵权必究**

### 图书在版编目（CIP）数据

网站构建技术 / 金红旭，王丹主编. —北京：北京理工大学出版社，2018.8
ISBN 978-7-5682-4664-4

Ⅰ. ①网… Ⅱ. ①金… ②王… Ⅲ. ①网站-开发 Ⅳ. ①TP393.092

中国版本图书馆 CIP 数据核字（2017）第 203228 号

| | |
|---|---|
| 出版发行 / | 北京理工大学出版社有限责任公司 |
| 社　　址 / | 北京市海淀区中关村南大街 5 号 |
| 邮　　编 / | 100081 |
| 电　　话 / | （010）68914775（总编室） |
| | （010）82562903（教材售后服务热线） |
| | （010）68948351（其他图书服务热线） |
| 网　　址 / | http://www.bitpress.com.cn |
| 经　　销 / | 全国各地新华书店 |
| 印　　刷 / | 三河市华骏印务包装有限公司 |
| 开　　本 / | 787 毫米×1092 毫米　1/16 |
| 印　　张 / | 11.25 |
| 字　　数 / | 265 千字 |
| 版　　次 / | 2018 年 8 月第 1 版　2018 年 8 月第 1 次印刷 |
| 定　　价 / | 46.00 元 |

| | |
|---|---|
| 责任编辑 / | 王玲玲 |
| 文案编辑 / | 王玲玲 |
| 责任校对 / | 周瑞红 |
| 责任印制 / | 李志强 |

图书出现印装质量问题，请拨打售后服务热线，本社负责调换

# 前 言

随着互联网技术的迅速发展，网站开发、Web 前端设计等职业随之应运而生。在伴随着网站设计与开发技术发展的过程中，相应的工作流程也在不断地变化和完善。目前，网站开发已经成为一项综合性、技术性都很强的专业性工作。因此，我们编写了这本基于岗位工作流程的具有较强综合性和实践性的教学用书。本书总结了作者多年的 Web 开发、课程建设和工程实践经验，创新了一套可操作的，能充分体现以学生学习为主、教师教学为辅的"教、学、做"一体化的教学模式和"任务驱动"的教学方案设计，体现了以"就业为导向"的职业院校办学宗旨。

要成为一名优秀网页设计师，需要具备以下几方面的知识及技能。

① 掌握一款良好的图形图像处理软件（例如，Photoshop、Fireworks 等）；

② 掌握可视化编辑工具或者编辑器（例如，Dreamweaver、EditPlus 等）；

③ 掌握最基本的知识体系结构，即网页的三层结构：XHTML、CSS、JavaScript，也即网页的结构、表现、行为；

④ 具有网站分析策划的能力；

⑤ 掌握基本的网页配色和构图知识；

⑥ 掌握一款动画制作软件（例如，Flash）。

在设计和制作网页时，要考虑的最核心的两个问题是："网页内容是什么"和"如何表现这些内容"，可概括为"内容"和"表现"两方面。过去由于 CSS 技术的应用尚不成熟，人们更多地关注 HTML，想尽办法使 HTML 同时承担"内容"和"表现"两方面的任务。而现在，CSS 的应用已经相当完善，使用它可以制作出符合 Web 标准的网页。Web 标准的核心原则是"内容"与"表现"分离，HTML 和 CSS 各司其职。这样做的优点表现在以下几个方面：

① 使页面载入、显示得更快；

② 减少网站的流量费用；

③ 修改设计时更有效率且代价更低；

④ 帮助整个站点保持视觉风格的一致性；

⑤ 使站点可以更好地被搜索引擎找到，以增加网站访问量；

⑥ 使站点对浏览者和浏览器更具亲和力；

⑦ 当越来越多的人采用 Web 标准时，它还能提高设计者的职场竞争力。

本书是辽宁省省级精品课程"网站构建技术"的教材。本书以实际网站前端开发项目贯穿始终，以基于工作过程的项目开发教学模块，构成了系统的课程教学内容体系，所有教学内容符合 Web 前端开发岗位需求。重点介绍在 Dreamweaver 软件中如何运用 XHTML、CSS 及 JavaScript 程序代码来制作符合 Web 标准的网页。"技术原理"与"配套工具"相配合，先讲清原理，再实际操作；强调"综合"掌握相关技术，"综合"使用相应软件和工具，使读者可以熟练地掌握它们，并制作出高质量的网页。

 网站构建技术

**学习方法建议：**

下载并安装 Firefox 浏览器。本书介绍的案例都可以在 Firefox、IE 和 Chrome 这 3 种主流浏览器中正确显示（除个别有特殊说明的案例），而其中 Firefox 浏览器对 CSS 和 Web 标准支持最完善，因此，在调试时，建议读者同时用 Firefox 和 IE 浏览器测试。下载 Firefox 浏览器的官方网址是 http://www.mozilla.org.cn。

本书涉及的软件和程序有 Adobe Dreamweaver CS5 中文版、Adobe PhotoShop CS5 中文版。学习使用的计算机最好能连接互联网，在教师组织教学和学生学习实践中，请结合实际条件灵活搭建学习环境。

本书由金红旭和王丹负责整体设计、主体编写和统稿，其中项目模块一由金红旭编写，项目模块二、三、四由王丹编写，项目模块五由崔凯编写。

由于 IT 行业发展迅猛，编者的项目实践和知识视野有限，书中不足之处在所难免，恳请读者提出宝贵意见和建议。联系方式：net_wd@163.com。

编　者

# 目　　录

**项目模块一　网站开发平台建设与管理** ·················································· 1
　任务 1　Web 服务器的安装与配置 ·························································· 1
　　一、任务导入 ··············································································· 1
　　二、任务目标 ··············································································· 1
　　三、任务实施 ··············································································· 1
　　四、核心技能与知识拓展 ································································· 7
　　五、课后训练 ············································································· 10
　任务 2　本地站点的规划、创建与测试 ··················································· 11
　　一、任务导入 ············································································· 11
　　二、任务目标 ············································································· 11
　　三、任务实施 ············································································· 11
　　四、核心技能与知识 ····································································· 13
　　五、课后训练 ············································································· 15

**项目模块二　网站视觉设计** ································································ 16
　任务 1　网站主题风格设计 ·································································· 16
　　一、任务导入 ············································································· 16
　　二、任务目标 ············································································· 16
　　三、任务实施 ············································································· 16
　　四、核心技能与知识 ····································································· 29
　　五、课后训练 ············································································· 47
　任务 2　网站动态效果设计 ·································································· 47
　　一、任务导入 ············································································· 47
　　二、任务目标 ············································································· 47
　　三、任务实施 ············································································· 47
　　四、核心技能与知识拓展 ······························································· 51
　　五、课后训练 ············································································· 58

**项目模块三　网站首页面设计与制作** ·················································· 59
　任务 1　网站栏目与目录规划 ······························································· 59
　　一、任务导入 ············································································· 59
　　二、任务目标 ············································································· 59
　　三、任务实施 ············································································· 59
　　四、核心技能与知识 ····································································· 60
　　五、课后训练 ············································································· 63
　任务 2　页面布局设计与制作 ······························································· 63

一、任务导入 …………………………………………………………… 63
　　二、任务目标 …………………………………………………………… 64
　　三、任务实施 …………………………………………………………… 64
　　四、核心技能与知识 …………………………………………………… 70
　　五、课后训练 …………………………………………………………… 76
　任务3　首页面内容设计与制作 …………………………………………… 76
　　一、任务导入 …………………………………………………………… 76
　　二、任务目标 …………………………………………………………… 77
　　三、任务实施 …………………………………………………………… 77
　　四、核心技能与知识 …………………………………………………… 93
　　五、课后训练 …………………………………………………………… 109

项目模块四　网站二级页面设计与制作 …………………………………… 111
　任务　二级页面的制作 ……………………………………………………… 111
　　一、任务导入 …………………………………………………………… 111
　　二、任务目标 …………………………………………………………… 111
　　三、任务实施 …………………………………………………………… 111
　　四、核心技能与知识拓展 ……………………………………………… 115
　　五、课后训练 …………………………………………………………… 117

项目模块五　表单设计与制作 ……………………………………………… 118
　任务1　表单设计与制作 …………………………………………………… 118
　　一、任务导入 …………………………………………………………… 118
　　二、任务目标 …………………………………………………………… 118
　　三、任务实施 …………………………………………………………… 119
　　四、核心技能与知识拓展 ……………………………………………… 126
　　五、课后训练 …………………………………………………………… 133
　任务2　表单动态效果制作 ………………………………………………… 134
　　一、任务导入 …………………………………………………………… 134
　　二、任务目标 …………………………………………………………… 134
　　三、任务实施 …………………………………………………………… 134
　　四、核心技能与知识拓展 ……………………………………………… 139
　　五、课后训练 …………………………………………………………… 171

# 项目模块一

# 网站开发平台建设与管理

## 任务 1　Web 服务器的安装与配置

### 一、任务导入

学生 A："老师，通过学习，我们知道利用 Dreamweaver 软件可以创建 HTML 网页，这些网页可以用浏览器轻松地浏览。可是，我们从网上下载的'.asp''.aspx''.jsp''.php'网站源代码文件却无法直接使用浏览器进行预览，这是什么原因呢？"

老师："你能发现问题并设法解决问题是一个很好的学习习惯。你下载的是动态网站源代码，这些动态网页文件需要使用 Web 服务器进行发布，不能通过浏览器直接访问动态网页文件。当我们要创建和测试动态网站时，需要搭建一个 Web 服务器开发和运行环境，这样才能在本地计算机上编写和测试动态网页。"

本任务将学习如何在 Windows 7 平台下安装与配置网页服务器。

### 二、任务目标

1. 安装 IIS 服务器。
2. 配置 IIS 服务器。

### 三、任务实施

Web 服务器的
安装与配置

**步骤 1：在 Windows 7 系统中安装及测试 IIS**

1. 安装 IIS

① 打开"控制面板"，单击"程序"命令，如图 1-1 所示。切勿单击"卸载程序"命令，否则到不了目标系统界面。

② 打开"程序"功能后，选择"打开或关闭 Windows 功能"，如图 1-2 所示。

③ 待系统自动弹出"Windows 功能"对话框后，在选项菜单中，把"Internet 信息服务"的所有组件服务全部勾选，如图 1-3 所示。

2. 测试 IIS

安装完毕后，可以测试一下是否安装成功。打开浏览器，在地址栏中输入地址，如 http://localhost 或 http://wangdan 或 http://127.0.0.1，其中"wangdan"为安装 Windows 系统时设置的本机名称，http://localhost 是系统默认的计算机名称。如果网址输入正确，浏览器将打开 IIS7 的欢迎界面，如图 1-4 所示。IIS 默认的网站路径为 C:\inetpub\wwwroot。

图 1-1　打开"程序"功能

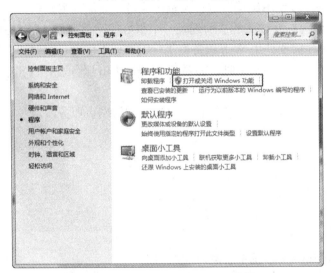

图 1-2　打开或关闭 Windows 功能

图 1-3　安装 Internet 信息服务（IIS）

图 1-4　IIS7 默认网页

**步骤 2：在 Windows 7 中运行及配置 IIS**

当 IIS 安装成功之后，选择"开始"→"控制面板"菜单命令，在"控制面板"窗口中选择"系统和安全"选项，在"系统和安全"窗口中双击"管理工具"图标，如图 1-5 所示。

图 1-5　打开"Internet 信息服务"窗口

进入管理工具窗口，如图 1-6 所示，然后在其中双击"IIS Manager"图标即可打开 IIS。

若本机的 IP 地址为 192.168.1.23，进行以下设置：网站文件存放在"D:\www"目录下，网站的首页文件名为 index.html。

图 1-6 "Internet 信息服务（IIS）管理器"窗口

1. 设置默认 Web 站点目录

选择"Default Web Site"，在右侧操作面板中选择"基本设置"，如图 1-7 所示。

图 1-7 设置默认 Web 站点

提示：打开基本设置时，默认物理路径显示的是"C:\Inetpub\wwwroot"，该文件夹是默认的 WWW 主目录，是 IIS 安装过程中自动生成的，一般情况下将其修改成自己创建好的站点文件夹。

打开"编辑网站"对话框后，将物理路径设置为 D:\www，如图 1-8 所示。

图 1-8　设置默认网站物理路径

2. 网站绑定

选择"Default Web Site"，在右侧操作面板中选择"绑定"，如图 1-9 所示。

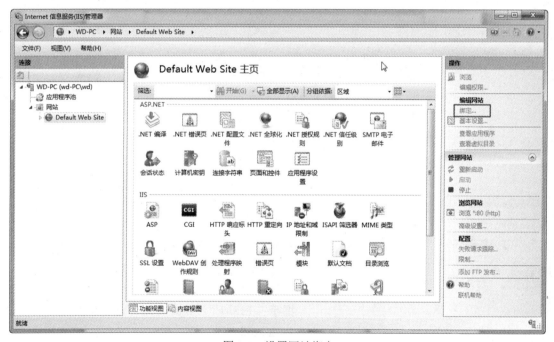

图 1-9　设置网站绑定

打开"网站绑定"对话框后，单击右侧的"编辑"按钮，进入"编辑网站绑定"对话框，在弹出的对话框中设置"IP 地址"下拉列表框的值为"全部未分配"，也可设置本机的 IP 地址（如用户机器的 IP 地址为 192.168.1.23）。如果机器没有连网，则 IP 地址可设置为 127.0.0.1，TCP 端口号采用默认值 80，如图 1-10 所示。

3. 设置默认文档

在 IIS 中选择"默认文档"，如图 1-11 所示。

图 1-10 "编辑网站绑定"对话框

图 1-11 选择"默认文档"功能

图 1-12 添加网站"默认文档"

在弹出的界面的右侧操作面板中选择"添加",输入自己网页的首页文件名"index.html",如图 1-12 所示,再单击"确定"按钮即可。

**提示**:网站的主页面的文件名通常为 index.html 或 default.html。

**步骤 3**:网页文件的运行

将网页首页命名为 index.html,并保存在 D:\www 目录下,设置 IIS 网站根目录指向该目录,然后就可以通过在浏览器中输入如下四种虚拟路径中的一种方式来调试运行这个 D:\www\index.html 文件了。

方法一:http://localhost/(将图 1-10 中的 IP 地址设置为"全部未分配")

方法二:http://127.0.0.1/(将图 1-10 中的 IP 地址设置为"127.0.0.1")

方法三:http://您的电脑 IP 地址/(将图 1-10 中的 IP 地址设置为本机的 IP 地址)

方法四：http://您的计算机名/（将图 1-10 中的 IP 地址设置为本机的计算机名称）

对于第三种方法，如果电脑在局域网中，则 IP 地址为电脑在局域网中的 IP；如果不知道电脑的 IP 地址，则在电脑的"开始"→"运行"里面输入：

ipconfig/all

然后按 Enter 键即可看见诸如：

IP Address:192.168.1.X

这样的一串字符（X 为一个数字），其中的"192.168.1.X"就是 IP 地址。这样，当计算机连网后，其他用户就可以在互联网上访问你的电脑，浏览你建立的网站了。

同时，若本机处于联网环境中，且防火墙处于关闭状态，其他用户在浏览器地址栏中直接输入本机 IP 地址，即可访问我们的网站。

对于第四种方法，如果不知道计算机名是什么，则在"我的电脑"图标上右击，选择"属性"，然后在"计算机名"中就可以找到计算机名了。

例如：某人的电脑设置 D:\www 为 IIS 默认网站目录，并在该目录下建立了一个名为"index.html"的网页，该计算机名为：WANGDAN，IP 地址为：192.168.1.23，则可以通过以下几种方式来访问这个网页文件：

　　http://localhost/index.html

　　http://127.0.0.1/ index.html

　　http://192.168.1.23/index.html

　　http:// WANGDAN / index.html

在浏览器的地址栏中直接输入上述 URL 路径即可测试网页文件了。

## 四、核心技能与知识拓展

### 1. Web 服务器

IIS（Internet Information Server）是 Windows 自带的 Internet 服务器组件，它是微软公司主推的 Web 服务器，其中包括 Web、FTP、SMTP 等服务。在网站开发过程中，通常可以安装并配置 IIS 组件将本地计算机搭设成虚拟 Web 服务器，以方便测试网站程序。

如果计算机操作系统是 Windows Server 2008 或者是 Windows Advanced Server 2008，IIS 是默认安装好的；如果是 Windows 7 或者是 Windows XP Professional，则需要手动安装 IIS。

Windows 7 是目前比较流行的操作系统，它操作简便、功能强大，大多数网站开发者是在 Windows 7 下开发程序的，测试环境也是 Windows 7，本书将以 Windows 7 操作系统为例介绍如何安装及配置 IIS 服务器，完成网站程序的测试。Windows Server 2008 的设置方法也可参照设置。

在 Windows 平台下，不同的操作系统中，其 IIS 的版本也是不同的，具体如下所示：

Windows Server 2000：IIS 5.0

Windows XP：IIS 5.1

Windows Server 2003：IIS 6.0

Windows Server 2008：IIS 7.0

Windows Server 2012：IIS 8.0

### 2. 服务器端与客户端

通常来说，提供服务的一方称为服务器端，而接受服务的一方则称为客户端。例如，当一个浏览者访问"网易"网站主页时，"网易"网站主页所在的服务器就称为服务器端，而浏览者的计算机就称为客户端。

但是服务器端和客户端并不是一成不变的，如果原来提供服务的服务器端用来接受其他服务器端的服务，此时该服务器将转化为客户端。如果计算机已安装了 WWW 服务器软件，此时就可以把此计算机作为服务器，成为服务器端，浏览者可以通过网络访问到该计算机。对于大多数初学者，在进行程序调试时，通常可以把自己的计算机既当作服务器（虚拟服务器，并非物理服务器），又当作客户端。

### 3. 网站和网页

网站是网页相互链接的集合，网站好比一本书，网页就像书中的页。网页是由 HTML（超文本标记语言）或者其他语言编写而成的，是网站的基本信息单位。用户通过 Web 浏览器可以访问网站的内容。网页由文字、图像、声音、动画、视频等各种网页元素构成，其扩展名多为".html"".htm"".asp"".aspx"".php"".jsp"等。网页按其表现形式，分为静态网页和动态网页。

主页是访问者输入域名后最先访问的页面，其中包含指向其他网页的超链接，主页文件名一般用"index"或"default"，后缀名取决于网站所采用的技术类型，如采用 ASP.net 技术的网站首页就是"default.aspx"，采用 PHP 技术的网站首页就是"index.php"。

### 4. 静态网页的工作原理

静态网页主要具有以下特点：

① 没有后台数据库，不含程序、不可交互的网页，在网站制作和维护方面工作量较大。
② 静态网页是保存在服务器上的文件，每个网页都是一个独立的文件。
③ 每个网页都有固定的 URL，且网页 URL 通常以".htm"".html"".shtml"等常见形式为后缀。
④ 静态网页的内容相对稳定，因此容易被搜索引擎检索。
⑤ 静态网页的交互性较差，在功能方面有较大的限制。
⑥ 无论何人何时访问，所显示的内容都是一样的。如果要对其内容进行添加、修改、删除等操作，就必须到程序的源代码中进行相关的操作，并且重新上传到服务器上。

静态网页的工作原理如下：

当在客户端浏览器的地址栏中输入一个 URL，并按下 Enter 键后，表明向服务器端提出了浏览网页的请求；当服务器端接收到该请求后，便会寻找所要浏览的静态网页文件，找到后再发送给客户端。其原理如图 1-13 所示。

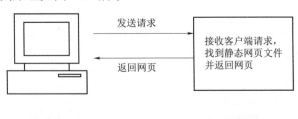

图 1-13　静态网页的工作原理

### 5. 动态网页的工作原理

动态网页主要具有以下特点：

① 具有后台数据库，含有程序、可交互的网页，显示的内容随着用户需求的改变而改变。
② 以数据库技术为基础，可以大大减少网站维护的工作量。
③ 不是独立存在于服务器上的网页文件，只有当用户请求时，服务器才返回一个完整的网页，通常是以".asp"".jsp"".php"".aspx"等形式为后缀的页面文件。
④ 可以实现更多的功能，如用户注册、用户登录、在线调查、用户管理、订单管理等。
⑤ 搜索引擎一般不可能从一个网站的数据库中访问全部网页。

动态网页的工作原理如下：

当在客户端浏览器的地址栏中输入一个动态网页的 URL，并按下 Enter 键后，表明向服务器端提出了浏览网页的请求，当服务器端接收到该请求后，首先会寻找所要浏览的动态网页文件，然后执行动态网页文件中的相关程序代码，并将程序代码的动态网页转换为标准的静态网页，最后将该网页发送给客户端。其原理如图 1-14 所示。

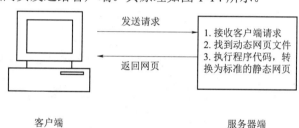

图 1-14　动态网页的工作原理

### 6. URL 与超链接

URL（Uniform Resource Locator，统一资源定位器）俗称网址，用来表示网络资源地址。URL 通常包括 3 个部分：协议类型、服务器地址及具体的文件路径和文件名，其格式为"协议名://主机名:端口号/文件夹名称/文件名"。与网站密切相关的协议有 HTTP（HyperText Transfer Protocol，超文本传输协议）和 FTP（File Transfer Protocol，文件传输协议）两种。

HTTP 是网页文件的传输标准，也是浏览器默认协议，是目前 WWW 中应用最广的协议。主机名可以用域名，也可以用 IP 地址。在 URL 中，总是使用斜杠"/"分隔目录，而不是使用 Windows 或 DOS 中使用的反斜杠"\"。

端口号为整数，其为可选项，当其省略时，表示使用默认端口。各种传输协议都有默认的端口号，如 HTTP 的默认端口号为 80。如果输入时省略，则使用默认端口号。采用非标准端口号时，则 URL 中不能省略端口号这一项。

访问网站有 IP 直接访问和域名访问两种方式，见表 1-1。

表 1-1　网站的两种访问方式

| 访问方式 | URL 地址 |
|---|---|
| 域名访问 | www.baidu.com |
| IP 直接访问 | 61.135.169.105 |
| 域名访问子页面 | mp3.baidu.com |
| IP 直接访问子页面 | 123.125.114.76 |

### 7. 浏览器

浏览器是用户浏览网站资源的工具。当用户输入网址并按 Enter 键后，浏览器开始向 Web 服务器查找要访问的资源，找到相应资源后，开始下载网页所需数据，接着对下载的数据进行解释并按规定格式把内容显示出来。常见的浏览器有 Internet Explorer（IE）、FireFox（FF）、Chrome（谷歌浏览器）、Safari（苹果浏览器）等，通常在实际测试网页时，只测试主流浏览器的兼容性。

### 8. HTTP 与 HTTPS

HTTP 是互联网上应用最为广泛的一种网络协议。所有的 WWW 文件都必须遵守这个标准。

HTTPS（Hypertext Transfer Protocol over Secure Socket Layer），是以安全为目标的 HTTP 通道，简单地讲，就是 HTTP 的安全版。SSL（Secure Socket Layer，安全套接层）是为网络通信提供安全及数据完整性的一种安全协议。HTTPS 的安全基础是 SSL，因此 HTTPS 就是在 HTTP 下加入 SSL 层。

HTTPS 和 HTTP 的主要区别：

① HTTPS 协议需要到 CA 申请证书。

② HTTP 是超文本传输协议，信息是明文传输；HTTPS 则是具有安全性的 SSL 加密传输协议。

③ HTTPS 和 HTTP 使用的是完全不同的连接方式，用的端口也不一样，前者是 80，后者是 443。

④ HTTP 的连接很简单，是无状态的；HTTPS 协议是由 SSL+HTTP 协议构建的，可进行加密传输、身份认证的网络协议，其比 HTTP 协议更安全。

### 9. localhost 与 127.0.0.1

127.0.0.1 是一个回送地址，指本地机，一般用来测试。常用 ping 127.0.0.1 来查看本地 IP/TCP 状态是否正常，如能 ping 通，即可正常使用。对于大多数习惯使用 localhost 的用户来说，实质上就是指向 127.0.0.1 这个本地 IP 地址。在操作系统中有个配置文件将 localhost 与 127.0.0.1 绑定在一起，可以理解为本地主机。

localhost 与 127.0.0.1 的区别：

① localhost 也叫 local，正确的解释是本地服务器。127.0.0.1 在 Windows 等系统中的正确解释是本机地址，其解析通过本机的 host 文件。Windows 自动将 localhost 解析为 127.0.0.1。

② localhot（local）不经网卡传输，它不受网络防火墙和网卡相关的限制。127.0.0.1 通过网卡传输，依赖网卡，并受到网络防火墙和网卡相关的限制。

### 五、课后训练

1. WWW 服务默认的端口号为（ ）。
   A. 21　　　　B. 23　　　　C. 80　　　　D. 25

2. 如果站点服务器支持安全套接层（SSL），那么连接到安全站点上的所有 URL 的开头是（ ）。
   A. HTTP　　　B. HTTPS　　　C. SHTTP　　　D. SSL

3. 假设计算机的名称为 happy，Web 主目录为 C:\Inetpub\wwwroot\，同时，在此目录之下有一个 ASP 程序，其完整路径为 C:\Inetpub\wwwroot\Ch0\ShowTime.asp。请问，如果要在浏览器上执行此 ASP 程序，必须在地址栏输入（　　）。

A．http://happy/ShowTime.asp

B．file:///Ch0/ShowTime.asp

C．http://Inetpub/wwwroot/Ch0/ShowTime.asp

D．http://happy/Ch0/ShowTime.asp

4．简述访问本地服务器的四种 URL 路径。

## 任务 2　本地站点的规划、创建与测试

### 一、任务导入

正式创建网站前，需要准备相关素材并策划网站的架构，首要条件就是必须创建一个本地站点，以方便对站点进行测试和预览。当然，也可以把网站内容直接上传到远程服务器上进行测试和预览。最初创建网站时，由于经常需要测试每一个文件，远程测试会比较麻烦，受制于带宽的影响很大，不利于网站的快速开发，因此不推荐直接在远程服务器上建站和测试。

本任务将学习使用 Dreamweaver CS5 完成本地站点的规划、创建与测试访问。

### 二、任务目标

1．创建本地站点。

2．利用 Web 服务器 IIS 完成本地站点测试。

本地站点的规划、创建与测试

### 三、任务实施

**步骤 1：本地站点的创建**

在 Dreamweaver CS5 中创建本地站点的具体步骤如下：

① 在本地计算机 D:\中创建名为 www 的文件夹（本项目将 D:\www 定义为本地站点），用来存放 Web 站点文件。

② 启动 Dreamweaver CS5。选择"站点"→"新建站点"菜单命令，在打开的"站点定义为"对话框中，输入站点名称"mysite"，本地站点文件夹设为"D:\www"，如图 1-15 所示，设置完成后，单击"保存"按钮即可。

③ 单击左侧"服务器"选项，进行相关参数设置，如图 1-16 所示，设置完成后，单击"保存"按钮。

提示：

① 本步骤服务器文件夹的设置要和 IIS 网站属性设置中的物理路径设置保持一致，否则会影响站点的测试结果。

② 本步骤 URL 的设置要和 IIS 网站属性 IP 地址的设置保持一致，此例中对应的 IP 地址设置为默认设置"全部未分配"。若在 IIS 网站属性中 IP 地址设置为 192.168.1.23（计算机 IP 地址），则该 URL 前缀应该设置为 http://192.168.1.23。这里采用了默认端口 80。

③ 取消"远程"设置,勾选"测试",如图1-17所示。

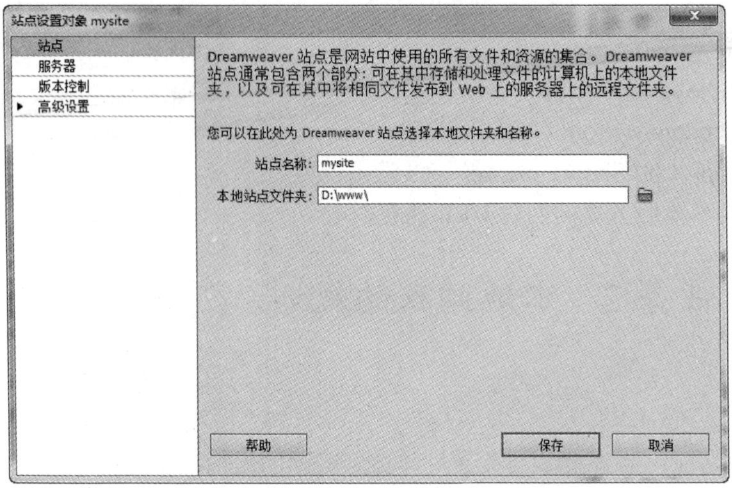

图1-15 输入站点名称

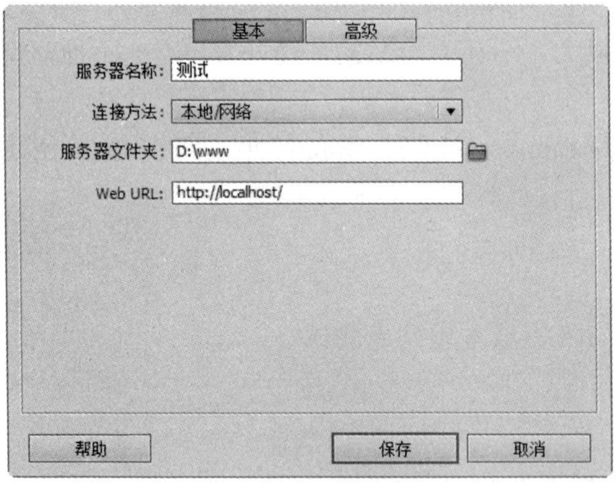

图1-16 设置服务器技术

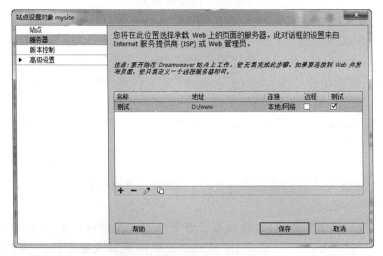

图1-17 设置本地服务器测试

**步骤 2：本地站点的测试**

本地站点定义完毕，即可进行网站内容的开发、测试、维护和管理等工作了。

选择"文件"→"新建"菜单选项，因为要创建静态网页，所以这里选择文件类型为"HTML"，单击"创建"按钮即可在当前站点的根目录下新建一个 untitled-1.html，把它重命名为"index.html"。

然后双击打开该文件，切换到"设计"视图，输入文字："我的第一个网页"。

按 F12 键预览文件，则 Dreamweaver CS5 提示是否更新测试服务器上的复制。选择"是"按钮，如图 1-18 所示。

这时 Dreamweaver CS5 将打开默认的浏览器（如 IE）显示预览效果，如图 1-19 所示。实际上，在浏览器地址栏中直接输入"http://localhost/index.html"或"http://localhost"，按 Enter 键确认，在浏览器窗口中也会打开该页面，由此说明本地站点测试成功。

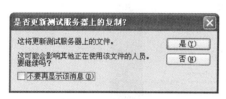

图 1-18　预览提示

图 1-19　网页测试效果

## 四、核心技能与知识

**1. 本地站点的定义**

所谓本地站点，是保存站点内容的文件夹，无论是在本地复制，还是上传到远程服务器，都应该把站点文件夹全部移动，否则会影响站点内部的结构关系（即超链接关系）。

通常首先定义虚拟目录，然后把本地站点复制到虚拟目录中。所谓虚拟目录，顾名思义，就是网页目录不是真实存在的。例如，http://localhost/mysite//index.html，不能说 index.html 文件位于系统盘下的\Inetpub\wwwroot\mysite 目录中，也许这个文件位于 D:\www 或 E:\www\news 目录中，也可能是在计算机的其他目录中，或者是网络上的 URL 地址等，可以在 IIS 中任意设置。因此，http://localhost/mysite//index. html 中的 mysite 就是一个虚拟目录（或者说是一个虚拟目录的别名），这个别名与真实的网站路径存在一种映射关系，指定别名后，服务器会自动指向真实的路径。

定义虚拟目录有几个好处：

① 网站更安全。虚拟目录的作用就是隐藏真实的路径，这样在 URL 地址中的路径就不一定对应服务器上真实的物理路径，从而防止恶意者的入侵和破坏。

② 方便站点管理。网站开发中的所有内容一般都存储在主目录中，但是随着网站内容的不断丰富，用户需要把不同层次的内容组织成网站主目录下的子目录。当在本地主目录中定义多个站点时，对文件的管理将是件很麻烦的事情。利用虚拟目录，将不同站点分散保存在多个目录或计算机上，会方便站点的管理和维护。

③ 可以挖掘更多的功能。对于动态网站，创建虚拟目录之后，系统会把站点视为独立的

应用程序。

2. Dreamweaver CS5 的基本操作

启动 Dreamweaver CS5 软件后，用户首先看到的是该软件的开始页面，可以在此选择新建文件的类型，或者打开最近使用的文档，如图 1-20 所示。

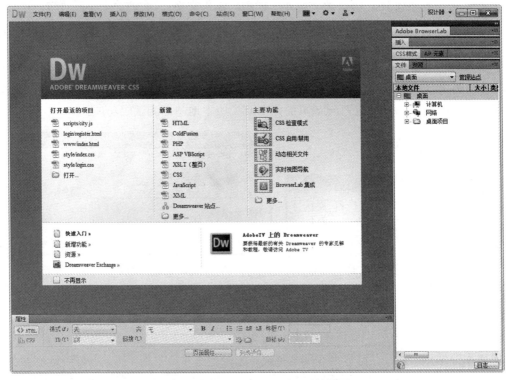

图 1-20　Dreamweaver CS5 开始界面

Dreamweaver CS5 的工作页面主要由 5 部分组成，分别是插入面板、文档工具栏、文档窗口、"属性"面板和控制面板组，如图 1-21 所示。该软件的操作环境简洁明快，功能面板伸缩自如，并拥有多文档的编辑界面，不仅降低了系统资源的占用空间，还可以同时编辑多个文档，大大提高了设计效率。

下面介绍界面中各组成部分的功能。

① 标题栏：显示当前编辑文档的路径和文件名。

② 菜单栏：该栏包含设计和开发网站的所有命令。

③ 插入面板：该面板用于创建和插入对象（如表格、层、表单、文本和图像）。插入面板中又包含"常用""布局""表单""数据""文本""收藏夹"等面板。

④ 文档工具栏：该栏包含一些比较常用的文档按钮。可以在不同视图间切换，如"代码"视图、"设计"视图（所见即所得）、"拆分"视图，还包含一些与查看文档、在本地和远程站点间传输文档有关的常用命令及选项。

⑤ 文档窗口：显示当前创建和编辑的文档。设计网页的工作是在这里进行的。

项目模块一 网站开发平台建设与管理

图 1-21 工作界面结构

⑥ 面板组：面板组可以设置为浮动的面板，其中包含"CSS""应用程序""标签检查器""文件"等面板，用户可以通过自己的开发习惯重新指定其他面板，也可以通过面板组开关控制面板的显示和隐藏。

⑦ 状态栏：位于文档窗口的下方，其左侧显示代码标签的主要位置，在此可以选择文档中的代码标记；右侧包含"选取工具""手形工具""缩放工具""设置缩放比例""窗口大小""下载时间"等功能。

⑧ "属性"面板：用于查看和更改所选对象或文本的各种属性。"属性"面板中的内容根据选定元素的不同会有所不同。

## 五、课后训练

1. Dreamweaver 是一个（　　　）。
A. Web 浏览器　　　B. 图形绘制软件　　C. 网页制作软件　　D. 动画制作软件
2. 正确安装 Web 服务器 IIS 后，在地址栏输入（　　　），可以访问站点的默认文档。
A. 在局域网中直接输入服务器的 IP 地址
B. 在局域网中输入服务器所在计算机的名称
C. 如果是在服务器所在的计算机上，直接输入"http://127.0.0.1"
D. 以上全部是对的

# 项目模块二

## 网站视觉设计

## 任务1 网站主题风格设计

### 一、任务导入

界面美观对于一个网站来说是至关重要的。界面首先要简洁大方,"简洁但不简单",细节表达清晰;色彩搭配合理,要求通过色彩能对网站的信息品质做出判断;版式应该能够满足使用者的浏览习惯,布局主次分明,导航清晰、分类集中,易于读取和识别;注重留白处理,留白也可以给人带来心理上的轻松与快乐;注重设计细节,例如对齐方式、字体的统一应用、小图标及按钮的应用等。

### 二、任务目标

1. 网站色彩设计。
2. 网站字体设计。
3. 网页图像的处理。
4. LOGO 设计。
5. 按钮与图标设计。
6. 导航条设计。

网站主题风格设计

### 三、任务实施

**1. Photoshop 蒙版应用**

蒙版可以用来将图像的某部分分离开来,保护图像的某部分不被编辑。当基于一个选区创建蒙版时,没有选中的区域成为被蒙版蒙上的区域,也就是被保护的区域,可防止被编辑或修改。

蒙版共分为 4 种,分别为快速蒙版、图层蒙版、矢量蒙版及剪贴蒙版。虽然分类不同,但是这些蒙版的工作方式是相同的。在 Adobe Photoshop 中,可以创建像"快速蒙版"这样的临时蒙版,也可以创建永久性的蒙版。"快速蒙版"可用来产生各种选区,而"图层蒙版"是覆盖在图层上面,用来控制图层中图像的透明度的。利用"图层蒙版"可以制作出图像的融合效果或遮挡图像的某个部分,也可使图像上某个部分变成透明。

(1)利用"快速蒙版"进行抠图操作

打开本实例配套素材"素材 1.jpg"文件,如图 2-1 所示,这幅图的背景色比较统一,几乎为白色,于是可以简单地选用魔棒工具完成抠图。此方法适用于颜色统一、边缘光滑清晰的大面积图片,且操作快速。

项目模块二　网站视觉设计

图 2-1　素材 1 图片效果

魔棒工具的容差数据决定了选择范围的"宽容度"。数值越大，则"宽容度"越大，选择的范围就越多。

① 在工具栏中选择魔棒工具，设置容差为 10，单击图片的白色背景部分，可以看到选择范围比较适当，但一些闭合画面的白色背景还没有被选中，如图 2-2 所示。

图 2-2　选择部分白色背景后的状态

② 选择"魔棒"工具面板中的"添加选区"按钮，将整个画面中符合选择条件的部分添加到选区中，如图 2-3 所示。

图 2-3 选择全部白色背景后的状态

③ 选择"选择"→"反向"菜单命令或使用快捷键 Ctrl+Shift+I，使人物图像处于选区以内。

④ 在工具箱的底部，单击"以快速蒙版模式编辑"按钮 ，进入快速蒙版模式编辑状态，也可以在英文输入状态下按快捷键 Q，如图 2-4 所示。

图 2-4 快速蒙版模式编辑状态

提示：因为 Photoshop 的默认设置是用半透明的红色作为蒙版颜色的，本图背景为白色，所以呈现出粉红色。

⑤ 可以明显看出现有的选区边缘部分不够完美，将前景色设置为"黑色"，使用黑色画笔工具，沿人物边缘处进行涂抹。还可以配合使用"放大"工具将图像放大，以便更好和更细致地操作。如果擦错，可以用白色画笔进行修正，直到达到满意的效果。经过仔细的涂抹，在蒙版模式下得到了一个基本完美的蒙版，如图 2-5 所示。

图 2-5　边缘处理后的效果

⑥ 退出快速蒙版模式，可以看见蚂蚁线环绕的就是需要的人物的轮廓，单击 Ctrl+J 组合键将选区内图像复制到新建图层 1 中，如图 2-6 所示。

⑦ 按住 Ctrl 键，在图层面板中单击"图层 1"缩略图，得到抠图后的选区，按下 Ctrl+C 组合键复制选区，同时打开本实例配套素材"素材 2.jpg"文件，如图 2-7 所示，按下 Ctrl+V 组合键将抠图粘贴到素材 2 适当的位置。

⑧ 按 Ctrl+T 组合键将素材 1 中的"卡通人物"进行自由变换调整；也可以按住 Shift 键不放手，用鼠标左键进行大小缩放的调整，这样可以进行等比例缩放，并且不会产生变形。最终效果如图 2-8 所示。

（2）利用"图层蒙版"制作图像的融合效果

图层蒙版可以让图层中的图像部分显现或隐藏。用黑色绘制的区域是隐藏的，用白色绘制的区域是可见的，而用灰度绘制的区域则会出现在不同层次的透明区域中。由于"图层蒙版"的特殊作用，使得可以在蒙版上通过添加黑白渐变、选区羽化等手段来产生两幅图像的自然融合效果及图像的渐隐效果。

图 2-6 创建的新图层

图 2-7 素材 2 图片效果

图 2-8 最终效果图

① 打开本实例配套素材"素材 3.jpg"和"素材 4.jpg"两幅图片,如图 2-9 所示,并将素材 4 拖动到素材 3 文件中,分别形成两个图层。

② 在图层面板中,单击 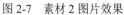 按钮为素材 4 图片对应的图层 1 添加图层蒙版。单击渐变工具,选择黑白渐变,用鼠标在图像上从左向右拉出一条直线,出现两幅图像的融合效果,如图 2-10 所示。

项目模块二　网站视觉设计

（a）　　　　　　　　　　　　　　　　（b）

图 2-9　图片效果

（a）素材 3 图片效果；（b）素材 4 图片效果

图 2-10　图片融合后的效果

提示：通过调整直线可得到不同的效果。

（3）利用"矢量蒙版"制作图片填充文字

矢量蒙版是依靠路径图形来定义图层中图像的显示区域的。

① 打开本实例配套素材"素材 5.jpg"文件，并键入文字"ABCD"，如图 2-11 所示。

② 选择文字所在的图层，执行"图层"→"文字"→"转换为形状"，将文字图层转换为矢量形状，转换为形状后，文字将不能再编辑。

提示：若在转换路径时出现如图 2-12 所示的提示，在字符面板中单击 T 即可。

③ 在"图层"面板中单击并拖动矢量蒙版缩略图至"图层 0"上，完毕后调整 2 个图层的顺序，就可以看到制作后的效果，如图 2-13 所示。

图 2-11　图片效果

图 2-12　转换提示对话框

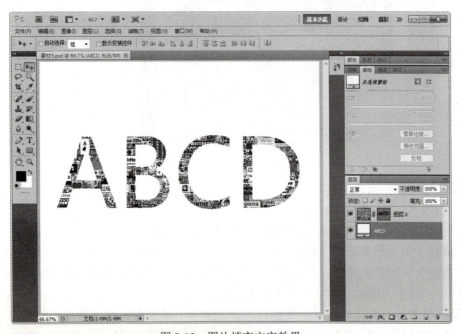

图 2-13　图片填充文字效果

## 2. 制作"网格图片"

利用 Photoshop 可以制作常见的格子图片效果，通常称为"网格图片"，可以将其运用在许多图片与广告处理中。

① 打开本实例配套素材"素材 6.jpg"文件，如图 2-14 所示。

图 2-14　素材 7 图片效果

② 在 Photoshop 中，新建大小为 60×60 px 的文件，选择透明背景，使用铅笔工具在如图 2-15 所示的虚线部分画上 2 px 的两条白边。

图 2-15　白边效果

③ 选择"编辑"→"定义图案"菜单命令，确定一个图案名称，然后按"确定"按钮保存，如图 2-16 所示。

图 2-16　定义图案

④ 返回到原始图片中，新建一个图层，将其位置放在最顶端。选择"编辑"→"填充"菜单命令，选中之前保存的图案形状进行填充，如图 2-17 所示。

图 2-17　填充图案

⑤ 填充后效果如图 2-18 所示，定义的图案被重复应用到图片中。

图 2-18　图案填充后的效果

⑥ 选择魔术棒工具，进行如图 2-19 所示设置。

图 2-19　魔棒工具设置

⑦ 在填充网格的图层上按住 Shift 键，进行随意点选，并将这些选块填充为白色，如图 2-20 所示。

⑧ 将白色选块调整透明度到 50%，得到最终网格效果，如图 2-21 所示。

3．制作 Web 2.0 风格的 LOGO 图标

① 在 Photoshop 中，新建 500×200 px 白色背景文件，首先建立文字 swatch，选择 Swatch it 字体（需安装该字体），如图 2-22 所示。

图 2-20 选块填充为白色

图 2-21 网格图片最终效果

图 2-22 建立字体

提示：Windows XP 系统中只需将字体文件复制到 C:\windows\Fonts 目录，就可以自动完成安装。

② 按快捷键 **Ctrl+J** 复制该文字图层，并在图层面板中右击该图层，选择"栅格化文字"。设置该图层的渐变叠加效果，如图 2-23 所示。

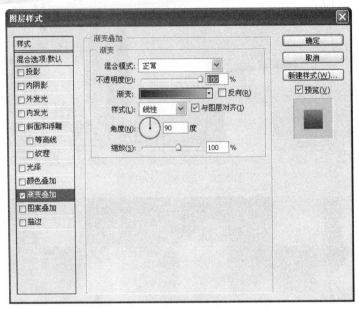

图 2-23　设置图层的渐变叠加效果

③ 设置该图层的投影效果，如图 2-24 所示。

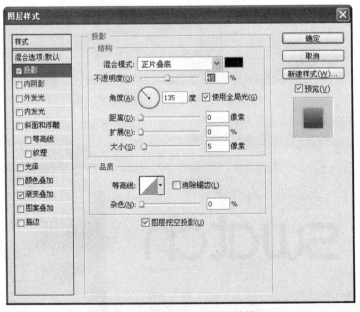

图 2-24　设置图层的投影效果

④ 设置该图层的斜面和浮雕效果，如图 2-25 所示。处理后的结果如图 2-26 所示。

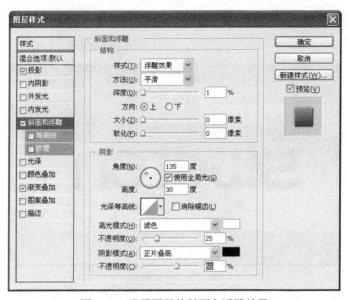

图 2-25 设置图层的斜面和浮雕效果

图 2-26 处理后的效果

⑤ 新建一图层，建立椭圆形选区并羽化，同时施加"灰白"渐变效果，如图 2-27 所示。

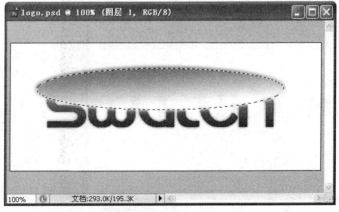

图 2-27 选区添加渐变效果

⑥ 在图层面板中改变图层混合模式为"柔光",这样弧形的颜色分界就会显现,如图 2-28 所示。

图 2-28 柔光效果

⑦ 按快捷键 Ctrl+J 复制刚才做好的图层,按快捷键 Ctrl+T,右击选择"垂直旋转",并移动至相应位置,如图 2-29 所示。

图 2-29 垂直旋转效果

⑧ 在该图层中添加"图层蒙版",并在蒙版中添加"黑白"渐变,调整不透明度为 20%,得到的最终效果如图 2-30 所示。

图 2-30 LOGO 最终效果图

## 四、核心技能与知识

### 1. 网站色彩设计

色彩是设计领域中最重要的一方面。设计师在决定了一个网站风格的同时，也决定了网站的情感，而情感的表达很大程度上取决于颜色的选择。颜色是很有力的工具，所有设计师在设计网页时都应重视。

（1）色轮的主要组成

在色轮中，把颜色分成三大块：原色、辅助色和第三颜色。三原色分别是红色、蓝色和黄色。这些色彩是基础色，它们组成了色轮上的所有其他颜色。把原色混合在一起，就能得到辅助色，它们是橙色、绿色和紫色。

（2）颜色的关系

描述颜色有大量的术语，了解这些术语将有助于讨论色彩和色彩的情感含义。

互补色是互补互调的色彩，它们坐落在色轮上对立的位置上。这些互补色有蓝色和橙色、紫色和黄色，以及红色和绿色。

邻色是色轮上相毗邻的色彩，所以，当邻色一起用时，将是很好的搭配，而不会有明显的对比。

第三颜色是由中间色组成的，例如黄绿色和蓝绿色，即由一个原色和一个辅助色混合组成。

（3）基于情感的色彩群体

一些色彩群体是和情感联系在一起的，比如温暖、冷静和中立的情感。暖色能让人感觉到温暖，例如红色、黄色和橙色。冷色让人联想到凉爽和寒冷，例如蓝色、绿色和紫色。中性色，顾名思义，并不创造怎样的情感，比如灰色和棕色。了解色彩这些方面的知识，可以帮助一个设计师在设计网页时不用文字就能表达特定含义和特定情感，并彰显优势。

（4）颜色的类型

有两种不同的颜色系统，两者的运用取决于具体的设计应用。

RGB是这个色彩系统中三个基本色"红、绿、蓝"的英文缩写，这三种基本色是光的三原色。RGB运用在电视电脑屏幕和任何类型的屏幕上。网页上的设计是建立在RGB色彩系统上的。

CMYK是"青色、洋红、黄色、黑色"的英文缩写，这些颜色是颜料的原色，CMYK被运用于印刷。

（5）色彩传达的意义

色彩理论是运用颜色背后的意义给用户带来感官体验的实践所得。这种实践经验再加上一些知识和想法，可以运用到网页的设计中。人们往往不会同意一些特定色彩的含义及设计师们应该用哪些颜色来加强特定的情感，但无须争论的是，客户对颜色是有情感反应的。

为设计作品选择颜色时要慎重，不要无目的地使用颜色。所选择的颜色要适合目标受众，能表达客户希望传达的信息，能符合对用户在网站所获得的整体感受的期望。

暖色能带来明媚、舒畅之感，用在希望带来幸福快乐感觉的网站上是明智的。举一个例子，在2009年全球经济不太好的时候，黄色变成了网页设计中非常流行的色彩，因为公司希望顾客在他们网站上体会到阳光和舒适的感受。

冷色最好用在想要表达出专业或整洁感觉的网站上，以呈现出一个冷静的企业形象。冷色表达出权威、明确和信任的感觉。例如，冷静的蓝色用在许多银行的网站上，比如大通银行。冷色运用在以乐观为主题的网站上是不明智的，因为用户会得到错误的印象。

（6）颜色对于用户的意义

大多数颜色能表达积极或消极的情绪，这取决于它是怎样被运用的，以及周围其他的颜色，还有网站本身的内涵。以下是一些流行色彩的普遍意义。

① 红色（图2-31）。

红色象征着火和力量，还与激情和重要性联系在一起。它还有助于激发能量和提起兴趣。红色的负面内涵是愤怒、危急和生气。

② 橙色（图2-32）。

橙色是色轮上红、黄两个邻色的组合色。橙色象征着幸福、快乐和阳光。这是一个欢快的色彩，唤起孩子般的生机。

橙色没有红色那么积极，但它也有一部分这样的特质，刺激着心理活动。但是它也象征着愚昧和欺骗。

图2-31 红色

图2-32 橙色

③ 黄色（图2-33）。

明亮的黄色是一种幸福的颜色，具有积极的特质：喜悦、智慧、光明、能量、乐观和幸福。

昏暗的黄色则带来负面的感受：警告、批评、懒惰和嫉妒。

④ 绿色（图2-34）。

图2-33 黄色

图2-34 绿色

绿色象征着自然，并且有一种治愈性的特质。它可以用来象征成长与和谐。绿色让人感到安全，医院经常使用绿色。

另外，绿色是金钱的象征，表达着贪婪或嫉妒。它也可以被用来象征缺乏经验或初学者需要成长（"没有经验的绿色"）。

⑤ 蓝色（图 2-35）。

蓝色是一种和平、平静的颜色，散发着稳定和专业性，因此它普遍运用于企业网站。蓝色也象征着信任和可靠。

一个冷调的阴影能带来蓝色消极的一面，象征着抑郁、冷漠和被动。

⑥ 紫色（图 2-36）。

紫色是皇室和有教养的颜色，代表着财富和奢侈品。它也赋予了灵性的感觉，并鼓舞创造力。较浅的紫色可以散发出一种神奇的感觉。它能很好地提升创造力和表达女性特质。

较深的紫色可以呈现出沮丧和悲伤的情绪。

图 2-35 蓝色

图 2-36 紫色

⑦ 黑色（图 2-37）。

虽然黑色不是色轮的一部分，但是它仍然可以被用来暗示感觉和意义。它往往与权力、优雅、精致和深度联系在一起。在面试时穿黑色服装可以表现出应聘者是一个有力量的个体，应用于网站也是同样的道理。

黑色也可以被看作是负面的，因为它与死亡、神秘和未知联系在一起。这是悲伤、悼念和悲哀的颜色，因此，在运用时必须慎重选择。

⑧ 白色（图 2-38）。

图 2-37 黑色

图 2-38 白色

白色也不是色轮的一部分，其象征纯洁和天真。它还传达着干净和安全。相反，白色还可以被认为是寒冷和遥远的象征，代表着冬天的严酷和痛苦的特质。

（7）网站颜色应用实例

下面来看看一些大公司的网站，来知晓他们是怎么运用颜色的，以及那些颜色对于他们的用户来说意味着什么。

① 耐克（图2-39）。

图2-39 耐克网站

耐克公司经常更新他们的网站，但通常还是使用黑色和灰色色调。黑色显示了产品的力量，留给大家他们向爱运动的顾客出售优质产品的印象。

② 白宫（图2-40）。

图2-40 白宫网站

白宫的网站主要使用白色和浅灰色，再加上一些蓝色和红色作强调色。白色象征着希望和自由，显露出平安和纯洁。红色和蓝色是美国的代表色，红色代表着热情和能量，蓝色则代表着稳定与和平。

③ 亚马逊（图 2-41）。

图 2-41　亚马逊网站

亚马逊网站大多使用白色，白色有着最佳的对比度和可读性。它还显露出整洁性，让用户能自由地浏览网站。同时，以橙色和蓝色强调色让用户感到安定和兴奋。

④ Verizon 公司（图 2-42）。

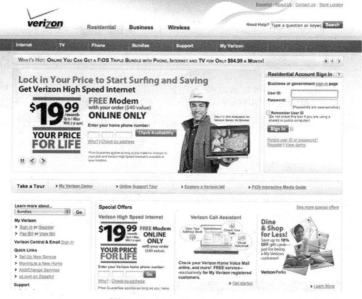

图 2-42　Verizon 公司网站

红色是 Verizon 公司的企业品牌主色调，也是贯穿整个网站的颜色。红色有助于刺激用户的兴奋性，展示出一个出售让人兴奋和快速更新的产品的公司形象。白色背景的运用与亚马逊类似，通过一个整洁有序的界面来帮助用户阅读这个网站。

⑤ 百思买（图 2-43）。

图 2-43　百思买网站

百思买网站的色调是深蓝色，显露出他们在电子市场中的稳定和实力，并让顾客在大量采购时体会到安全感与平和感。黄色散发的快乐气氛让顾客在采购时感觉到兴奋与趣味。

⑥ 嘉信理财（图 2-44）。

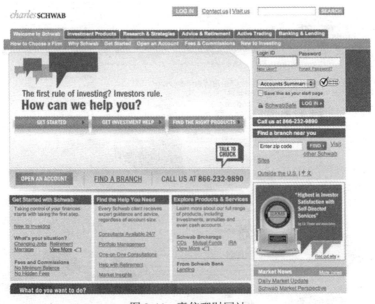

图 2-44　嘉信理财网站

嘉信理财是一家投资公司,在不稳定的市场环境下需要让消费者在他们的网站上感受到平和。网站使用柔和的深蓝色调来实现这一点,并建立起一种平静、祥和的气氛。中性的棕色则是另一种帮助协调偏激的用户感受的企业色彩。橙色作为强调色,能让用户在买股票时产生兴奋感,同时也能带来幸福感。

⑦ 道奇(图 2-45)。

图 2-45　道奇网站

道奇网站以黑色系为主,能让网站上的图片凸显出来。同时使用一种鲜艳的红色作为强调色。黑色给网站带来力量感,在一种精致与阳刚的氛围下展示产品。黑色是一种不错的颜色,它能使产品看起来珍贵、有价值。红色则表达出激情和兴奋,希望能让消费者认为他们是从一个值得信任、质量有保障的公司购买车辆的。

⑧ 全食食品公司(图 2-46)。

图 2-46　全食食品公司网站

全食食品公司品牌的主色调和网站的色调一样，是绿色。全食食品以较高的价格售卖健康的有机食品。网页设计中的绿色很好地展示了公司所珍视的健康与纯净的概念，以及其亲近自然的产品。同时也用了淡黄色作为强调色，为网站增添了趣味性。

不需要描述性的文字，颜色就能赋予网站以意义，颜色本身就有许多特定的印象。用户浏览网页时，颜色可以帮助转移用户的视线，指引用户怎么去浏览一个页面。在许多企业的网站中可以看出，颜色表达了情感和价值观，向用户展示着他们的公司是怎样的、他们所售卖的产品是怎样的。

仔细挑选补色可以更好地运用颜色，一旦选定，想要表达的意义也就显示出来了。

配对色的运用能改变一个网站的意义。给以柔和的蓝色为色调的、表达出平静的网站配上明亮的橙色，就能让它变成让人更多感受到兴奋和趣味的网站。

如果网站的深灰色过多或太过严肃，加上柔和的蓝色则能让网站有平静、平和的基调。

### 2．网站形象设计

网站的形象设计主要指设计网站标志（LOGO）。LOGO 是指网站的标志，网站的标志如同商标一样，其是站点的特色和内涵的集中表现。看见网站的标志，就能使访问者联想到该网站。LOGO 通常放在网页的左上角，通常有 88×31 px、120×60 px 和 120×90 px 3 种尺寸规格。LOGO 应具有独特的形象标识，能体现该网站的特色、内容，以及内在的文化内涵和理念，能使网站的推广和宣传效果事半功倍。

① 标志可以是中文、英文字母，也可以是符号、图案等。标志的设计创意应当来自网站的名称和内容。例如图 2-47 所示的网易、新浪、百度网站的标志。

图 2-47　经典网站 LOGO

② 可以用网站内有代表性的人物、动物、植物作为设计的蓝本，加以卡通化或者艺术化。

③ 专业网站可以以本专业有代表的物品作为标志。例如，中国农业银行的金穗标志、中国银行的铜板标志、奔驰汽车的转向盘标志等。

④ 最常用和最简单的方式是用自己网站的英文名称作标志，采用不同的字体、字母的变形、字母的组合可以快速设计好网站 LOGO。例如，微软公司的英文名称和 Intel 公司的英文名称等。

### 3．网页字体设计

和网站标准色彩一样，网站标准字体是指用于标志、标题、主菜单的特有字体。一般网页默认的字体是宋体。为了体现站点的"与众不同"和特有风格，可以根据需要选择一些特别字体。制作者可以根据自己网站所表达的内涵，选择更贴切的字体。

当拿到一款产品的包装或者登录一个网站的时候，用户都会有意或者无意地留意到属于这个产品的特定的字体设计，从而影响到用户对这个产品最直观的感受：精致、优雅、科幻、古典或者是粗糙难看。

比如，当把苹果网站上 iPhone 的字体换掉以后，如图 2-48 所示，用户一定会或多或少地察觉到有什么不一样了，也许他们无法表达出来，或者无法说出究竟是哪里出了问题，但这种潜意识的感受正是不同字体风格传递给用户的直观感受所造成的。因此，在给一个产品选择或者设计字体的时候，除了需要考虑其易读性，一定也需要考虑这款字体能否准确地传递给消费者或用户属于这款产品的独特气质。

图 2-48　苹果网站上换字体前后

（1）字体与产品气质

① 现代。

现代风格字体多为无衬线字体，这类字体除本身文字的笔画之外，没有其他装饰性的元素，风格较简约，如图 2-49 所示。

图 2-49　现代网格

② 复古。

化妆品品牌 Benefit 诞生于美国 20 世纪 70 年代这个自由奔放的时代，而创始人之一的

Jean Ford 刚好主修艺术，她十分懂得如何包装她们的品牌。Benefit 的包装和字体颇具复古风格，比如留声机造型的包装盒。衬线字体的 LOGO 具有较强的装饰性，字母的转角处线条柔和，更具流线型的字母 f 使 LOGO 显得更生动有趣，搭配留声机造型内部的连笔手写体，使一股浓浓的复古风扑面而来。如此有趣又漂亮的包装盒，难怪让很多女性爱不释手，如图 2-50 所示。

图 2-50　复古风格

③ 科幻。

电影《星际迷航》的海报上的字体就属于科幻类型。实际上，经常会在一些科幻电影的海报或者网站上见到这种类型的字体。科幻风格的字体普遍比较硬朗和锐利，通常有过渡比较直接的折角，如图 2-51 所示。

图 2-51　科幻风格

④ 梦幻。

迪士尼的字体就属于这种风格。粗细不一的笔画和大小不同的字母具有非常强烈的节奏韵律感，字母画出的曲线像翩翩起舞的丝带，也像魔棒使用后留下的痕迹，使人充满想象，如图 2-52 所示。

图 2-52　复古风格

⑤ 女性化。

女性化风格的字体经常在化妆品 LOGO 中见到，它们通常字体纤细、秀美，线条流畅，字形有粗细等细节变化，显得有韵律或通过装饰性元素和字体结合。因为衬线字体天生具有衬线这种可装饰性元素，因此很多女性化风格的字体会选用衬线字体，并以此为基础进行修改，比如 LANCOME 的 LOGO 字体，如图 2-53 所示。

图 2-53　女性化风格

⑥ 趣味性。

具有趣味性的文字可以使用产品中的某些元素和文字进行创意性的结合，比如游戏《炉石传说》的字体设计，巧妙地将魔幻一样的"旋涡"与石头下半部分的"口"结合起来，虽然"炉石传说"这几个字在风格上是保持一致的，但是每个文字的折角并没有刻意地将大小或角度保持标准一致，这样的非规律性做法也增加了字体的趣味感，让用户觉得这款游戏具有可玩性，如图 2-54 所示。

图 2-54　趣味性风格

⑦ 文化。

如图 2-55 所示，Yoritsuki 的字体设计使用了毛笔书法的笔触书写方式，将墨这种元素融入字体当中。这种东方文化特有的东西，使得 Yoritsuki 这款 APP 的风格非常鲜明，即使还没有打开这个 APP，也能大概知道里面会是什么样子。

图 2-55　文化风格

（2）字体运用规范

① 网页中的中文字号一般都是宋体 12 px 或 14 px（无状态）。

② 目前网页正文字体通常采用宋体和微软雅黑，网页中文大号字体用微软雅黑或黑体。

③ 大号字体用 18 px、20 px、26 px、30 px 等。

④ 一般使用双数字号，单数字号的字体在显示的时候会有毛边。

需要说明的是，使用非默认字体时，只能用图片的形式，因为很可能浏览者的计算机里没有安装特别字体，若使用这样的字体，会导致文字无法正常显示。

注意：字体安装路径是 C:\Windows\Fonts，字体文件的扩展名为.ttf。

（3）字体颜色运用

① 界面中的文字通常分为三个层级：主文、副文、提示文案。

② 在白色背景下，字体的颜色层次其实就是黑、深灰、灰色，常用的色值是#333333、#666666、#999999。

③ 在界面中还经常会用到背景色#eeeeee。

4．网页图标设计

网页图标设计能给设计带来很多优势，精巧的图标可以给设计增加亮点，可以为标题添加视觉引导、用作按钮、用来分隔页面、做整体修饰、使网站更显专业性以及增强网站交互性。

在内容区使用图标可以为页面增加"空隙"。图标用来分隔内容，并且给读者视觉引导；可以让布局不再生硬，把整体分割成容易阅读和理解的众多版块，每一块都内容丰富且充满魅力，吸引访客来阅读，如图 2-56 所示。

图 2-56　应用图标的网页

图标也可以应用在菜单中，通常情况下，在子菜单中使用小图标取代文字链接或者协助文字链接可以使界面友好、干净整洁，如图 2-57 所示。

网站中每一个网页的风格必须保持一致。所谓风格一致，是指结构的一致、色彩的一致、导航的一致、特别元素的一致、背景的一致等。网页的图标设计不能偏离网站的整体风格定位，要与网站的其他部分协调且风格一致，混合风格有时会使页面变得杂乱无章，不要把所有炫目的 Icon 图标都全部放到网站设计中，要多关注网站整体风格的一致性，图 2-58 所示是由 Icon 图标辅助设计的案例。

图 2-57　子菜单应用图标

图 2-58　Icon 图标辅助设计的网页

5. 网站导航条

导航条能帮助浏览者在网站内快速查找相应的信息。一般来说，网站中导航条在各个页面出现的位置是比较固定的，而且风格也一致。导航条的栏目对网站的结构和各页面的整体布局起到举足轻重的作用，漂亮的导航按钮和菜单会给网站增色不少。

导航是用户与网站之间最常进行的交互操作，网站的导航条要做到层次分明、分类清晰，一个优秀的导航设计能够引导用户浏览网站中的更多内容，网站的风格与色调通常也能从导航菜单中体现出来。

在 Web 网站中，导航有多种多样的表现形式，其中主要有以下几种形式。

（1）全站性导航

通常也称为主导航或一级导航，它是在网站的每一页都会出现的一种统一表现的全局性导航方式。通常出现在网页的顶端，直接链接到向用户展示的重要区域，如图 2-59 所示。

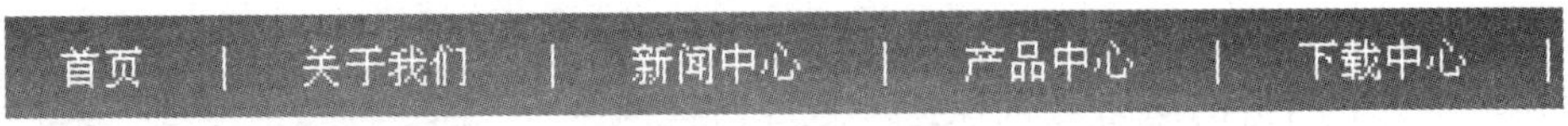
首页
关于我们
新闻中心
产品中心
下载中心

图 2-59　主导航条效果

有时为了引起用户注意，通常做出一些切换效果，如图 2-60 所示。

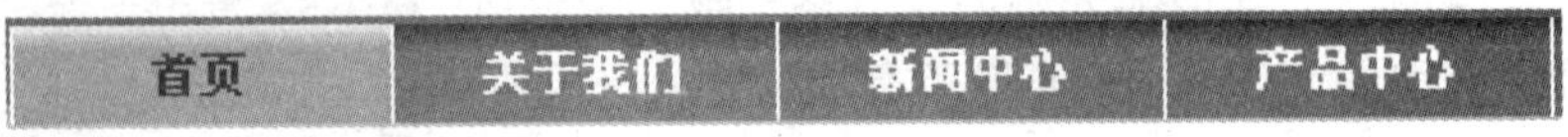
首页
关于我们
新闻中心
产品中心

图 2-60　带有切换效果的主导航条

（2）二级导航

顶部水平栏导航设计模式有时伴随着下拉菜单，当鼠标移到某项上时，会弹出它的二级子导航项，进一步说明一级导航分类情况。主要有纵向二级导航效果和横向二级导航效果，分别如图 2-61 和图 2-62 所示。

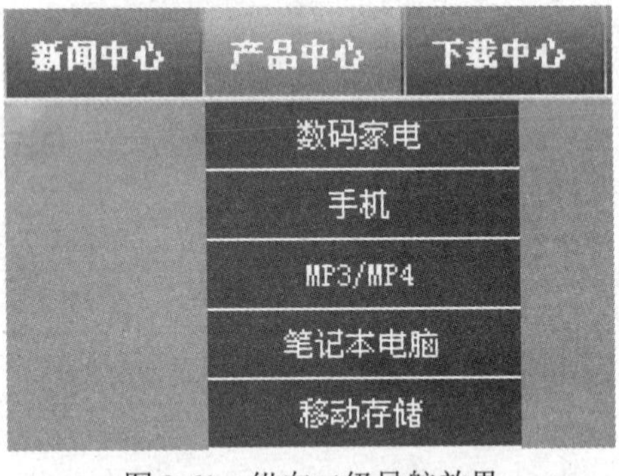
新闻中心
产品中心
下载中心
数码家电
手机
MP3/MP4
笔记本电脑
移动存储

图 2-61　纵向二级导航效果

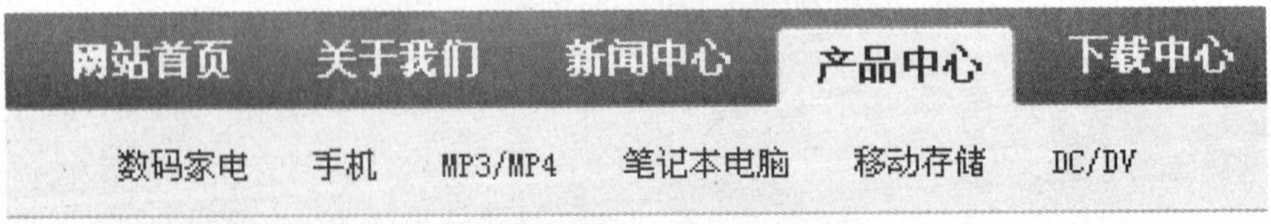
网站首页
关于我们
新闻中心
产品中心
下载中心
数码家电
手机
MP3/MP4
笔记本电脑
移动存储
DC/DV

图 2-62　横向二级导航效果

（3）“面包屑”导航

面包屑对于多级别具有层次结构的网站特别有用。它们可以帮助访客了解到当前自己在整站中所处的位置。如果访客希望返回到某一级，只需要单击相应的面包屑导航项即可，如图 2-63 所示。

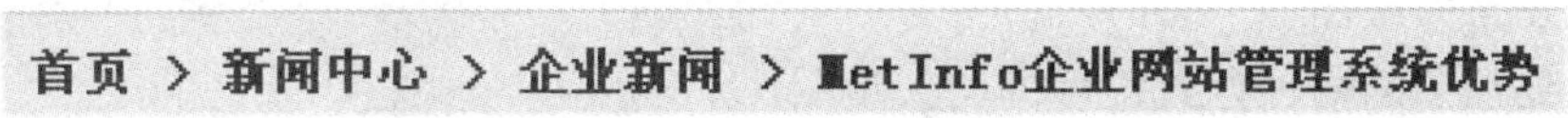
首页 > 新闻中心 > 企业新闻 > MetInfo企业网站管理系统优势

图 2-63 “面包屑”导航效果

面包屑的一般格式是水平文字链接列表，通常在两项中间伴随着右箭头以指示层及关系。这种导航未必会出现在所有页面，其不适于浅导航网站。面包屑导航最适用于具有清晰章节和多层次分类内容的网站。没有明显的层次，使用面包屑是不合适的。

（4）页脚导航

页脚导航通常用于次要导航，并且可能包含了主导航中没有的链接，或是包含简化的网站地图链接，如图 2-64 所示。

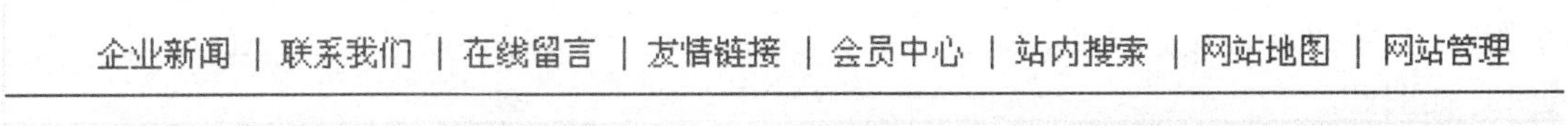
企业新闻 | 联系我们 | 在线留言 | 友情链接 | 会员中心 | 站内搜索 | 网站地图 | 网站管理

图 2-64　页脚导航效果

页脚导航通常用于放置其他地方都没有的导航项。通常使用文字链接，偶尔带有图标。通常链接指向不是特别关键的页面。如果页面很长，没有人愿意仅仅为了导航而滚动到页面底部。对于较长的页面，页脚导航最好作为放置重复链接和简要的网站地图的地方。它不适合作为主导航形式。

（5）边栏导航

边栏不是网站主要的内容区域，边栏通常是次生内容的容器，这些内容虽然不是主要的，但对于网站来说也是必不可少的。它们可以用不同于导航栏的方法来引导访问者，但又不至于将焦点从主要内容分开。边栏导航一般使用文字链接作为导航项，可以包含或不包含图标，如图 2-65 所示。

产品中心
数码家电
手机
诺基亚
三星
MP3/MP4
笔记本电脑
移动存储
DC/DV

图 2-65　边栏导航效果

它能够第一时间引起来访者的注意，在页面架构中处于较高的位置，所以适合用来做首要导航，比如，分类、文章标题等能够更快地引导来访者查看主要内容。如果首要导航的列表中内容太多，在一个水平导航中不能容下，在这样的情况下，用边栏来替代导航是个不错的选择，比如亚马逊、京东首页左侧的商品分类。

大多数网站不只使用一种导航设计模式。例如，一个网站可能会用顶部水平栏导航作为主导航系统，并使用边栏导航系统来辅助它，同时还用页脚导航来作冗余，增加页面的便利度。当选择导航设计模式时，应该选择支持网站的信息结构及网站特性的方案。导航是网站设计的重要部分，它的效果必须有坚实的基础设计才能体现。

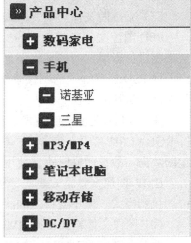

#### 6. Photoshop 基本应用

Photoshop CS5 是 Adobe 公司推出的专业图像处理软件，广泛应用于广告设计、印刷出版、网页设计、影像处理等领域。目前，Photoshop 在数字图像方面的处理能力相对于其他软件而言，仍处于绝对优势。

（1）位图与矢量图

计算机处理图的两种方式：位图与矢量图。

位图又称为像素图或点阵图像，由若干细小方块（像素点）组成。位图图像的大小和质量取决于图像中像素点的多少，通常每平方英寸的面积上所含的像素点越多，图像就越清晰，颜色之间的混合也越平滑，但文件也越大；反之，图像就越模糊，图像文件也越小，放大后图像会出现马赛克现象。

位图可以模仿照片的真实效果。除了可以通过扫描、数码相机获得外，还可以通过图像处理软件生成，如 Photoshop 等。

矢量图无法通过扫描获得，而是通过设计软件生成，如 Flash、AutoCAD、Illustrator 等。它是通过数学计算法产生，以线条和色块为主，矢量图形文件比位图图像文件存储量小，特别适用于文字设计、图案设计、版式设计、标志设计、计算机辅助设计（CAD）、工艺美术设计、插图等。

对于矢量图，无论放大和缩小多少倍，都不会产生马赛克现象，图形都有一样平滑的边缘和清晰的视觉效果。矢量图不会记录像素的多少，但在屏幕上显示的时候，由于显示器的特点，它仍然是以像素方式来显示的。

（2）像素和图像分辨率

像素一词是从英文单词"Pixel"翻译过来的。在位图图像中，点组成线，线组成面，所以可以将一幅位图看成是由无数个点组成的，组成图像的一个点就是一个像素，像素是构成位图图像的最小单位，它的形态是一个小方点。

图像分辨率用于确定一幅图像的像素数目，它以像素/英寸（ppi）为单位来表示，如一幅图像的分辨率为 72 ppi，表示该图像中每英寸包含 72 个像素。同样大小的一幅图像，图像分辨率越高，图像越清晰，看起来就越逼真，当然，图像文件所需的存储空间也就越大。

（3）支持的文件类型

PSD 图像文件格式是 Photoshop 软件自身生成的文件格式（默认扩展名），是唯一能支持全部图像色彩模式的格式。保存的图像可以包含图层、通道及色彩模式、调节层和文本层。由于以 PSD 格式保存的图像通常含有较多的数据信息，所以，以该格式保存的图像文件比以其他格式保存的图像文件占用更多的磁盘空间，优点是便于日后修改。

JPG/JPEG 图像文件格式主要用于图像预览及超文本文档，如 HTML 文档等。该格式支持 RGB、CMYK 及灰度等色彩模式。经过压缩，可使图像文件变小，但会丢失掉部分不易察觉的数据，故在印刷时不宜使用此格式。

BMP 图像文件格式是一种标准的位图图像文件格式，它支持 RGB、索引颜色、灰度和位图色彩模式，但不支持 Alpha 通道。

GIF 图像文件格式支持 BMP、灰度和索引颜色等色彩模式，占用较少的磁盘空间。

此外，还有 TIF/TIFF、PNG、PCX、PDF 等格式。

（4）图像的色彩模式及转换方法

RGB 模式是由红、绿、蓝这 3 种颜色按不同的比例混合而成的，也称为真彩色模式，可以很好地模拟自然界颜色效果。在 Photoshop 中，红、绿、蓝三原色的取值范围都是 0～255，把这 3 种原色进行各种比例的调和，就可以产生 16 777 216（256×256×256）种颜色，是 Photoshop 中最为常见的一种色彩模式。用于屏幕显示，最常用。

CMYK 模式是一种印刷模式，通过青、洋红、黄、黑 4 种不同的印板在印刷机中印刷色调连续的颜色。此模式下的图像文件会占用很大的存储空间，并且使得很多 Photoshop 滤镜没法使用，所以，一般只是在印刷时才将图像的颜色模式转换为这种模式。

位图模式是只由黑和白两种像素来表示图像的颜色模式。

灰度模式中只有灰度颜色而没有彩色，Photoshop 将灰度图像看成只有一种颜色通道的数字图像。在灰度模式图像中，每个像素都以 8 位或 16 位表示，因此每个像素都是介于 0（黑色）～255（白色）中的一种。黑白之间 256 级平滑过渡。

选择"图像"→"模式"菜单命令，在该菜单下选择相应的色彩模式菜单命令即可。图 2-66 所示为一幅 RGB 色彩模式图像，选择"图像"→"模式"→"灰度"菜单命令，在打开的提示框中单击"好"按钮，即可将图像转换成灰度图像。

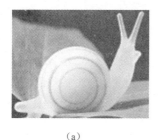  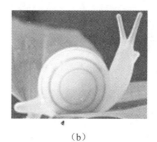

(a)　　　　　　　　　　　　　　(b)

图 2-66　转换为灰度模式的图片

（5）工作界面的调整与恢复

隐藏或显示工具箱和浮动面板：按 Tab 键。

只隐藏浮动面板：按 Shift+Tab 组合键。

恢复已弄乱的面板位置：单击"窗口"→"工作区"→"复位调板位置"。

（6）必须掌握的几个重要概念

选区：用来在图层中进行区域性的控制。其是 Photoshop 最重要的功能之一。

图层：重叠的透明层，每层独立放置画面，又依顺序互相遮挡。用来对各个画面进行管理。层是 Photoshop 的工作超级平台，如果没有层，可谓寸步难行。

滤镜：一些光怪陆离、变换万千的特殊效果，一个简单的滤镜命令就可完成，其能起到画龙点睛的作用，但是如果运用不当，则只会是画蛇添足。

蒙版：蒙版起到对当前层再蒙上一个"层"，此层起到对当前层的隐藏与显示的作用，通过灰度级来控制（如黑色起到隐藏作用、灰色起到半透明作用、白色起到显示作用）。蒙版只对当前层起到屏蔽的效果，不损伤当前层，且可随时修改，如能灵活使用，可事半功倍。

（7）常用基本工具介绍

提示：工具箱中有些工具按钮右下带有黑三角，如 表示工具组，按住 1 s 左右可弹出该组中的其他工具（或用鼠标右键进行选择）。

每选择一个工具后，在菜单栏下方会出现相应的选项栏。

① 选框工具组：

矩形选框（椭圆选框）工具：按 Shift 键可以绘制正方、正圆；按 Alt 键从中心点向外扩展。

② 套索工具组：

套索工具：用于边缘任意的选区，利用原有画面的颜色反差，能吸附反差的颜色边缘。

多边形套索工具：用于边缘由直线段组成的选区。

磁性套索工具：边缘颜色变化有一定规律的选区。

③ 魔棒工具：

根据颜色来选取区域；高效创建颜色相近的图像选区。

④ 移动工具：

用于选区图像的移动或复制。

⑤ 图章工具组：

仿制图章工具：复制图像、修复缺陷。

图案图章工具：绘制背景。

⑥ 渐变工具：

有五种不同的渐变类型（直线、径向、角度、对称、菱形），是一种可一次拉出多种颜色的工具。按 Shift 键可进行水平、垂直或 45 度方向渐变。

⑦ 油漆桶工具：

可填充前景色和图案（有容差设定）。

（8）常用基本操作

① 图像文件：

选择"文件"菜单可以完成图像文件的新建、打开和存储等操作。

② 选区：

反向选区：选择"选择"→"反向"菜单命令或使用快捷键 Ctrl+Shift+I。

取消选区：选择"选择"→"取消选择"菜单命令或使用快捷键 Ctrl+D，同时可以使用键盘的 Shift 加选、Alt 减选。在绘制好选区的基础上，再用选框工具对已有选区进行相加、相减、交叉等操作，做到自如控制。

③ 背景层解锁：

背景层是新建图片时的第一个图层，始终处于图像的最底层，在背景层上有许多操作无法实现。双击背景层，可将背景层解锁，转换为一般图层，如图 2-67 所示。

④ 拾色器设置：

所有颜色通过工具箱上的"拾色器"将前景、背景色块运用到画面上。

⑤ 前、背景色：

可以使用快捷键 Shift+D 恢复默认的黑白状

图 2-67　背景层解锁

态，使用快捷键 Shift+X 进行两者切换。使用快捷键 Alt+Del 填充前景，快捷键 Ctrl+Del 填充背景，除背景层外，各层的底色默认都是透明的。

⑥ 图片的整体操作：

选择"图像"→"旋转画布"菜单命令来旋转或翻转画布，所有图层同步改变。

⑦ 自由变形选区内的图像：

可以使用快捷键 Ctrl+T 实现自由变换，快捷键 Ctrl+Shift+T 实现等比例变换。

⑧ 历史面板：

记录操作过的步骤，可以使用快捷键 Ctrl+Shift+Z 后退。

### 五、课后训练

1. 下面说法错误的是（    ）。
A. 规划目录结构时，应该在每个主目录下都建立独立的 images 目录
B. 在制作站点时，应突出主题色
C. 人们通常所说的颜色，其实指的就是色相
D. 为了使站点目录明确，应该采用中文目录

2. 互联网上最为常用的图片格式是（    ）。
A. JPEG 和 PSD             B. PNP 和 BMP
C. AVI 和 FLASH            D. GIF、JPEG 和 PNG

3. Photoshop 是一个（    ）。
A. Web 浏览器    B. 图像处理软件    C. 网页制作软件    D. 动画制作软件

4. 以下支持上百万种颜色，但是不支持无损压缩的颜色格式是（    ）。
A. bmp            B. jpg            C. gif            D. tif

## 任务 2　网站动态效果设计

### 一、任务导入

为了使页面具有一定的交互性，吸引更多浏览者眼球，通常在网站的前端设计中使用 JavaScript、Flash 等技术给页面添加一些动态效果，例如网页幻灯片、动态 Banner、交互式按钮和表单校验等。

### 二、任务目标

1. 网页幻灯片设计。
2. 滚动字幕设计。
3. 动态 Banner 设计。

网站动态效果设计

### 三、任务实施

**步骤 1：制作"网页幻灯片"**

网页幻灯片效果是网站开发中使用频率最多的一种动态效果，如图 2-68 所示，制作的方

法也很多，例如 Flash、JavaScript、CSS、XML 等。下面利用 JavaScript 制作网页中图片自动轮换的效果。在实际应用中，只需要将下面这段 JavaScript 的幻灯片效果代码复制到网页中就能实现，而且宽度和高度修改起来比 Flash 更简单。如果开发者不熟悉 Flash，选择使用 JavaScript 是很好的选择。

将 Dreamweaver 切换到代码模式，复制以下代码到网页中。

```html
<html xmlns="http://www.w3.org/1999/xhtml">
<head>
<meta http-equiv="Content-Type" content="text/html; charset=gb2312" />
<title>网页幻灯片</title>
</head>
<body>
<script language="javascript">
var widths=286;  //设置幻灯片宽度
var heights=261; //设置幻灯片高度
var counts=6;    //设置幻灯片数量
//设置图片路径
img1=new Image();img1.src='images/01.jpg';
img2=new Image();img2.src='images/02.jpg';
img3=new Image();img3.src='images/03.jpg';
img4=new Image();img4.src='images/04.jpg';
img5=new Image();img5.src='images/05.jpg';
img6=new Image();img6.src='images/06.jpg';
//设置图片的URL
url1=new Image();url1.src='#';
url2=new Image();url2.src='#';
url3=new Image();url3.src='#';
url4=new Image();url4.src='#';
url5=new Image();url5.src='#';
url6=new Image();url6.src='#';
var nn=1;
var key=0;
function change_img()
{if(key==0){key=1;}
else if(document.all)
{document.getElementById("pic").filters[0].Apply();document.getElementById("pic").filters[0].Play(duration=2);}
eval('document.getElementById("pic").src=img'+nn+'.src');
eval('document.getElementById("url").href=url'+nn+'.src');
for (var i=1;i<=counts;i++){document.getElementById("xxjdjj"+i).className='a
```

```
xx';}
document.getElementById("xxjdjj"+nn).className='bxx';
nn++;if(nn>counts){nn=1;}
//设置图片切换间隔时间
tt=setTimeout('change_img()',2000);}
function changeimg(n){nn=n;window.clearInterval(tt);change_img();}
document.write('<style>');
document.write('.axx{padding:1px 10px;border-left:#cccccc 1px solid;}');
document.write('a.axx:link,a.axx:visited{text-decoration:none;color:#fff;line-height:12px;font:9px sans-serif;background-color:#666;}');
document.write('a.axx:active,a.axx:hover{text-decoration:none;color:#fff;line-height:12px;font:9px sans-serif;background-color:#999;}');
document.write('.bxx{padding:1px 7px;border-left:#cccccc 1px solid;}');
document.write('a.bxx:link,a.bxx:visited{text-decoration:none;color:#fff;line-height:12px;font:9px sans-serif;background-color:#D34600;}');
document.write('a.bxx:active,a.bxx:hover{text-decoration:none;color:#fff;line-height:12px;font:9px sans-serif;background-color:#D34600;}');
document.write('</style>');
document.write('<div style="width:'+widths+'px;height:'+heights+'px;overflow:hidden;text-overflow:clip;">');
document.write('<div><a id="url"><img id="pic" style="border:0px;filter:progid:dximagetransform.microsoft.wipe(gradientsize=1.0,wipestyle=4, motion=forward)" width='+widths+' height='+heights+' /></a></div>');
document.write('<div style="filter:alpha(style=1,opacity=10,finishOpacity=80);background: #888888;width:100%-2px;text-align:right;top:-12px;position:relative;margin:1px;height:12px;padding:0px;margin:0px;border:0px;">');
for(var i=1;i<counts+1;i++){document.write('<a href="javascript:changeimg('+i+');" id="xxjdjj'+i+'" class="axx" target="_self">'+i+'</a>');}
document.write('</div></div>');
change_img();
</script>
</body>
</html>
```

程序执行结果如图 2-68 所示。

图 2-68　网页幻灯片效果

**提示**：在实际应用中，应创建对应目录文件夹 images，同时，存储在该文件夹下的图片文件名必须和代码中图片路径保持相同。

在后期实际项目开发中，通常将 JavaScript 脚本文件通过外部文件形式进行应用。

**步骤 2**：制作滚动字幕

将 Dreamweaver 切换到代码模式，复制以下代码到需要出现跑马灯效果的标签中间。

```
<marquee width="200" height="200" behavior="scroll" direction="up" scrollamount="3" onmouseover="this.stop()" onmouseout="this.start()" style="font-size:14px;">
<a href="notice/index.html" target=_blank>带有超链接的跑马灯！点我试试</a><br />
<a href="notice/no1.html" target=_blank>网站构建技术网站已开通</a>
</marquee>
```

上述代码是具有超级链接的跑马灯效果。尽管<marquee>参数不少，但不能实现复杂的和自定义的特殊跑马灯效果，而且还有浏览器限制，所以也可以采用 JavaScript 来实现跑马灯。

**提示**：可以用<marquee>标签实现多幅图片的滚动，但滚动时会出现空白，若要实现图片的不间断无缝滚动效果，建议使用 JavaScript。

**步骤 3**：动态 **Banner** 设计

透明 Flash 素材比比皆是，如果将它们用在实际的 Banner 作品中，可以增加许多生动的画面，提升页面的视觉效果。下面就是利用透明 Flash 制作网站 Banner 的方法。最终效果是通过一张背景图片和一个 Flash 动画结合而成的，这对于维护来说是很方便的，只要把背景图片更新就可以了，Flash 无须改动。

① 将网站 Banner 文件"Banner.png"设置为<div id="banner"></div>的背景图片，具体代码如下：

```
<div id="banner" style="background: url(banner.png); width:1000px; height:220px;">
</div>
```

**提示**：此处 div 大小应当与背景图片的宽、高相同。

② 将光标移动至<div></div>标签中间,将 Dreamweaver 切换至"设计"视图下,选择"插入记录"→"媒体"菜单命令,选择"Flash",将透明 Flash 素材文件"1.swf"插入当前文件中,可以根据实际需要调整 Flash 文件的宽、高,主要文件代码如下:

```
<object classid="clsid:D27CDB6E-AE6D-11cf-96B8-444553540000" codebase="http://download.macromedia.com/pub/shockwave/cabs/flash/swflash.cab#version=9,0,28,0" width="1000" height="220">
  <param name="movie" value="1.swf" />
  <param name="quality" value="high" />
  <embed src="1.swf" quality="high"
  pluginspage="http://www.adobe.com/shockwave/download/download.cgi?P1_Prod_Version=ShockwaveFlash" type="application/x-shockwave-flash" width="1000" height="220"></embed>
</object>
```

③ 在上述代码中插入一段代码:<param name="wmode" value="transparent">,完整代码如下:

```
<object classid="clsid:D27CDB6E-AE6D-11cf-96B8-444553540000" codebase="http://download.macromedia.com/pub/shockwave/cabs/flash/swflash.cab#version=9,0,28,0" width="1000" height="220">
  <param name="movie" value="1.swf" />
  <param name="quality" value="high" />
  <param name="wmode" value="transparent" />
  <embed src="1.swf" quality="high"
  pluginspage="http://www.adobe.com/shockwave/download/download.cgi?P1_Prod_Version=ShockwaveFlash" type="application/x-shockwave-flash" width="1000" height="220"></embed>
</object>
```

此时完成网站 Banner 的制作,效果如图 2-69 所示。

图 2-69　Banner 效果图

## 四、核心技能与知识拓展

1. JavaScript 概述

JavaScript 在 Web 系统中应用非常广泛的脚本语言。JavaScript 是由 Netscape Communication

Corporation（网景公司）所开发的脚本语言。JavaScript 原名为 LiveScript，是目前客户端浏览程序最普遍使用的 Script 语言。

  JavaScript 语言可以设计和访问一个 Web 页面中的所有元素，如图片元素（images）、表单元素（form elements）、链接（links）等。这些对象属性等在 JavaScript 程序运行中可以被复制、修改。JavaScript 还可以捕捉客户端用户对当前网页的动作，例如，鼠标的单击动作或者键盘的输入动作等。JavaScript 的这些功能使网站能够对用户的输入等动作做出相对应的反应动作，从而实现一些交互性，例如鼠标移动、表单校验等。

  JavaScript 是一种基于对象（Object）和事件驱动（Event Driven）并具有安全性能的解释性脚本语言。使用它的目的是与 HTML 超文本标记语言、Java 脚本语言（Java 小程序）一起实现在一个 Web 页面中链接多个对象，与 Web 客户实现交互作用，从而开发客户端的应用程序等。

  JavaScript 不但可以用于编写客户端的脚本程序，由 Web 浏览器解释执行，还可以编写在服务器端执行的脚本程序，在服务器端处理用户提交的信息并动态地向浏览器返回处理结果。它是通过嵌入或调入在标准的 HTML 语言中实现的，它的出现弥补了 HTML 语言的缺陷，它是 Java 与 HTML 折中的选择，具有以下基本特点。

  ① JavaScript 是一种脚本语言，采用小程序段的方式实现编程，和其他脚本语言一样，JavaScript 同样也是一种解释性语言，提供了一个简易的开发过程。

  它的基本结构形式与 C、C++、VB、Delphi 十分类似，但它不像这些语言一样，需要先编译，而是在程序运行过程中被逐行地解释。它与 HTML 标识结合在一起，从而方便用户的使用操作。

  ② JavaScript 是一种基于对象（Object-Based）的语言。它可以应用自己已经创建的对象，因此，许多功能来自脚本环境中对象的方法和属性的调用。

  ③ JavaScript 的主要特征是实现网页的动态化，并且可以直接对用户或客户的输入做出响应，无须经过 Web 服务程序。它对用户的反映响应，是采用以事件驱动的方式进行的。在主页（HomePage）中执行了某种操作所产生的动作，就称为"事件（Event）"。比如按下鼠标、移动窗口、选择菜单等，都可以视为事件。当事件发生后，可能会引起相应的事件响应。

  ④ JavaScript 具有安全性。它不允许访问本地硬盘，不能将数据存入服务器上，并且不允许对网络文档进行修改和删除，只能通过浏览器实现信息浏览或动态交互，从而有效地防止数据丢失。

  ⑤ JavaScript 具有简单性。其主要体现在：首先，它是一种基于 Java 基本语句和控制流之上的简单而紧凑的设计，从而对于学习 Java 是一种非常好的过渡；其次，它的变量类型是采用弱类型，并未使用严格的数据类型。

  ⑥ JavaScript 具有跨平台性。JavaScript 是依赖于浏览器本身，与操作环境无关。只要是能运行浏览器的计算机，并支持 JavaScript 的浏览器，就可正确执行，从而实现了"编写一次，走遍天下"的梦想。

  2. JavaScript 脚本的运行环境

  JavaScript 本身是一种脚本语言，而不是一种工具。JavaScript 依赖于浏览器的支持，由浏览器解释执行。如果浏览器不支持它，该代码将会被作为文本显示在页面上，所以，在编写 JavaScript 代码时，应该用<!--……-->HTML 注释符将脚本代码括起来，这样即使浏览器不支持它，脚本代码也不会被显示。

微软公司从它的 Internet Explorer 3.0 版开始支持 JavaScript。Microsoft 把自己实现的 JavaScript 规范叫作 JScript。这个规范与 Netscape Navigator 浏览器中的 JavaScript 规范在基本功能上和语法上是一致的，但是在个别的对象实现方面还有一定的差别，这里特别需要予以注意。

3. JavaScript 程序代码的位置

JavaScript 程序代码通常写在<head>…</head>标记和<body>…</body>标记之间，在<head>标记中间一般是函数和事件处理函数，写在<body>标记之间的是网页内容或调用函数的程序块。

下面编写一个 JavaScript 程序，通过它可说明 JavaScript 的脚本是怎样被嵌入 HTML 文档中的。

程序名称：2-01.html

```
<html>
<head>
<title>第一个 JavaScript 程序</title>
<Script Language ="JavaScript">
function ShowMessage()
{
alert("这是第一个 javascript 例子!");
alert("欢迎你进入 javascript 世界!");
alert("今后我们将共同学习 javascript 知识!");
}
</Script>
</head>
<body onload="ShowMessage();">
使用 onload 事件调用 ShowMessage()函数。
</body>
</html>
```

程序执行结果如图 2-70 所示。

图 2-70　使用 JavaScript 执行结果

JavaScript 代码由<Script Language ="JavaScript">…</Script>说明。在标识<Script Language =" JavaScript">…</Script>之间就可加入 JavaScript 脚本。

alert()是 JavaScript 的窗口对象方法，其功能是弹出一个警告对话框并显示()中的字符串。

4. 在 HTML 中嵌入 JavaScript 脚本

JavaScript 代码常被嵌入 HTML 文档中执行，在 HTML 中嵌入 JavaScript 代码的方法有两种：

一种是直接在<script>和</script>标识符中间写入 JavaScript 代码。

程序名称：2-02.html

```
<html>
<head>
<title>在 HTML 中使用 JavaScript 脚本</title>
</head>
<body>
<Script Language ="JavaScript">
 document.write("直接在标识符中间写入 JavaScript 代码");
</Script>
</body>
</html>
```

document.write()是 JavaScript 的输出语句。

程序执行结果如图 2-71 所示。

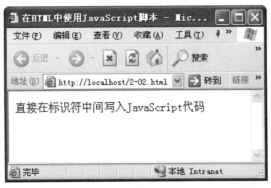

图 2-71　在 HTML 中使用 JavaScript 脚本执行结果

另一种是应用如下代码链接 JavaScript 文件：

```
<script language="JavaScript" src="文件名.js">
</script>
```

程序名称：2-03.html

```
<html>
<head>
<title>链接使用外部 JavaScript 脚本</title>
</head>
```

```
<body>
<Script Language ="JavaScript" src="js/1.js">
</Script>
</body>
</html>
```
其所调用的 1.js 文件内容如下：
```
document.write("<font color=blue>JavaScript,你好!</font>");
```
程序执行结果如图 2-72 所示。

图 2-72　链接使用外部 JavaScript 脚本的执行结果

5. JavaScript 对象

JavaScript 是基于对象的编程，而不是完全的面向对象的编程。在 JavaScript 中，对象是由属性和方法两部分组成的，对象的属性是指对象在实施所需要行为的过程中，实现信息的装载单位，从而与变量相关联；方法是指对象能够按照设计者的意图执行，从而与特定的函数相关联。

那么什么是对象呢？通俗地说，对象是变量的集合体，对象提供对于数据的一致的组织手段，描述了一类事物的共同属性。举个例子来说，将汽车看成是一个对象，汽车的颜色、大小、品牌等叫作属性，而发动、刹车、拐弯等就叫作方法。

JavaScript 中的对象是由属性和方法两个基本的元素构成的。对象的属性是指对象的背景色、长度、名称等。对象的方法是指对属性所进行的操作，就是一个对象自己所属的函数，如对对象取整，使对象获得焦点，使对象获得随机数等一系列操作。

（1）在 JavaScript 中可以使用的对象

① 由浏览器根据 Web 页面的内容自动提供的对象，如 window、Frame、document、Form、location 等。

② JavaScript 的内置对象，如 Date、Math、Array、String 等，这是比较常用的。

③ 服务器上的固有对象。

④ 用户自定义的对象。

（2）对象的使用

在 JavaScript 中对于对象属性与方法的引用，有两种情况：其一是若对象是静态对象，即在引用该对象的属性或方法时不需要为它创建实例，可直接使用；而另一种对象，在引用它的对象或方法时，必须使用 New 运算符为它创建一个实例，即该对象是动态对象。

① 对象属性的引用方法：对象名.属性名

例如，city.name，city.history

上例中 city 是对象，name、history 是它的属性。

② 对象方法的引用方法：对象名.方法名

例如，如果在 city 对象中有一个方法名叫 listcity()，对它的引用可用以下方式进行：city.listcity()。

6. \<marquee\>标签

在网站制作过程中，经常会出现滚动字幕，又称"跑马灯"效果。例如，网站新闻列表文字滚动、循环向上滚动的文字公告效果等。实现跑马灯的方法很多，其中最简单的是通过 HTML 代码来实现，即在需要出现跑马灯效果的地方插入"\<marquee\>滚动的文字\</marquee\>"语句。例如实例代码如下：

```
<marquee direction="up" scrollamount="1" width="200px" height="100px"
 bgcolor="#FF0000" onmouseover="this.stop()" onmouseout="this.start()" >
<p>滚动新闻标题一</p>
<p>滚动新闻标题二</p>
<p>滚动新闻标题三</p>
</marquee>
```

说明： direction="up"　　　　　　滚动方向

　　　 scrollamount="1"　　　　　滚动速度，值越高，速度越快

　　　 onmouseover="this.stop()"　当鼠标移到字幕时停止滚动

　　　 onmouseout="this.start()"　 当鼠标离开字幕时开始滚动

代码测试：先建一个空白页面，然后切换到代码模式，将上面的代码插入\<body\>\</body\>中间即可。

下面主要介绍\<marquee\>标签的主要参数。适当地运用\<marquee\>标签的参数，可以表现出不同的效果。

（1）behavior 属性（设置字幕内容的运动方式）

● alternate　内容在两个相反方向滚来滚去

● scroll　内容向同一个方向滚动

● slide　内容接触到字幕边框就停止滚动

（2）direction 属性（设置字幕内容的滚动方向）

● down　向下运动

● left　向左运动

● right　向右运动

● up　向上运动

（3）scrollamount 属性（设置字幕滚动的速度，数值越大，速度越快）

● scrollamount 值选取为 1，字幕缓慢滚动

● scrollamount 值选取为 50，字幕快速滚动

（4）scrolldelay 属性（设置字幕内容滚动时停顿的时间，单位为毫秒）

● scrolldelay 值选取为 1，字幕滚动流畅

● scrolldelay 值选取为 500，字幕滚动阻滞

（5）width 属性（设置滚动字幕的宽度，限定了滚动的范围）

height 属性（设置滚动字幕的高度，限定了滚动的范围）

（6）onMouseOver 属性（设置鼠标移动到滚动字幕时的动作）

onMouseOut 属性（设置鼠标离开滚动字幕时的动作）

this.stop() 停止滚动

this.start() 开始滚动

（7）style 属性（设置字幕内容的样式）

（8）loop 属性（设置字幕内容滚动次数，默认值为无限，Loop=-1 为无限次）

（9）bgcolor 属性（设置滚动区域的背景颜色）

7. 网页 Banner 设计

当用户访问一个网站的时候，网页第一屏的效果是非常重要的，很大程度上影响了用户是否继续浏览其他页面，然而靠文字大量堆积，是很难直观而迅速地使用户感知网站的价值的，因此，网页 Banner 设计起到了至关重要的展示作用，特别是首页 Banner，有效的信息传达使用户和信息之间的互动变得生动而有趣。图 2-73 和图 2-74 是企业网站中 Banner 设计案例展示。

网站 Banner 也叫网站横幅，是一种网络广告形式，Banner 广告一般放在网页顶部位置，可以采用静态图像和动态图像，当前比较流行动态图像的应用，即网页幻灯片效果的应用。

图 2-73 海尔卡萨帝网站 Banner

图 2-74 某药物企业网站 Banner

Banner 在大体上一般可以分为三种类型：产品发布、活动推广、品牌概念。Banner 广告又称旗帜广告，在几乎所有的网站中都能见到，也是目前最常用的一种网站广告形式，以下

是 Banner 设计的几点经验：

① Banner 广告在网页中的第一感觉。制作网站广告条的目的就是吸引用户注意，然后吸引用户单击，因此，广告条必须在第一时间内吸引用户的眼球。在设计广告条时，必须要考虑用户的浏览习惯，引起用户足够的重视。

② Banner 广告条文本内容，即网站宣传语。它是网站的精神、主题与中心，或者是网站的目标，必须保持文字简短，重点突出，能在第一时间将最重要的信息传递给用户，用一句话或者一个词来高度概括。用富有气势的话或词语来概括网站，进行对外宣传，可以收到比较好的结果。例如，麦斯威尔的"好东西和好朋友一起分享"、Intel 的"给你一颗奔腾的心"等。

③ Banner 广告条中的图片内容统一性。如果是一家销售电子产品的网站，那么广告条中就应该以电子产品为主。若在产品广告条使用的图片全部都是一些人物，而真正的产品却只是以文字形式表达，这样的广告条设计是不合理的。

④ 在广告条中放入网址与标志。如果广告的目的是以品牌推广为主，那么标志与网站地址将是广告设计的重点。同样，即使不是以品牌为主的 Banner，也有必要加入一些标志与网址信息或者一些宣传口号。

⑤ Banner 设计中最好放上"点击这里"等字样。可以在广告条的某个角落，或动态广告条的最后一帧上加上"点击"这类链接字样，吸引用户单击。

⑥ 广告条的尺寸。对于 Banner 来说，大小一般不要超过 50 KB，即使是一些 FLASH 广告，也尽量减少下载时间，因为如果尺寸较大，当用户访问这个页面时，可能网页内容全部显示完了，广告条还没加载完成，而用户可能就在此时离开这个页面，那么 Banner 就没有起到任何效果。

⑦ 广告条的颜色。颜色是人们的第一视觉体验，颜色需要醒目，但不能使用户产生反感。例如，可以使用统一的大色块配色，同时尽量选择一些一般网站中很少用的色彩进行搭配，比如深绿色、绿色、深红色、黑色等。

## 五、课后训练

1. 负责解释执行 JavaScript 代码的是（　　）。
A．Web 服务器　　　B．Web 浏览器　　　C．Java 编译器　　　D．Java 虚拟机

2. 设置 HTML 文档中的脚本语言，应该使用（　　）标记。
A．<html>　　　B．<script>　　　C．<head>　　　D．<body>

3. JavaScript 文件正确的注释形式为（　　）。
A．/*注释*/　　　B．//注释　　　C．<!--注释-->　　　D．<%注释%>

4. JavaScript 脚本语言文件的扩展名为（　　）。
A．.asp　　　B．.html　　　C．.js　　　D．.css

5. 下列选项中，（　　）是 JavaScript 的输出语句，可以向浏览器发送字符串。
A．document.write　　　B．msgbox　　　C．print　　　D．alert

6. 如何引入外部 JavaScript 脚本文件？

# 项目模块三

# 网站首页面设计与制作

## 任务1 网站栏目与目录规划

### 一、任务导入

×××科技有限公司拥有集开发、设计和销售为一体的通信设备专业配套制造工厂，已成为国内外一流通信设备制造商的 ODM 合格供应商及 OEM 合作伙伴。为了进一步提升企业形象，使企业具有网络沟通能力，全面、详细地介绍企业及企业产品，与客户保持紧密联系，挖掘潜在的企业用户，及时得到客户反馈的信息，需实现公司网站的建设。

在网站建设中，网站结构的规划具有非常重要的地位。一个结构合理的网站，不但可以提高用户的访问速度，而且对网站的持续开发、后期维护都起着非常重要的作用。与客户沟通联系后，通过对企业建站的需求分析和定位，首先要进行网站栏目的规划和设计，并进行规范化目录设计。

### 二、任务目标

1. 网站栏目设计。
2. 网站目录设计。

### 三、任务实施

**步骤1：网站栏目规划**

通过对×××科技有限公司网站的建设需求分析和定位，形成的网站栏目如图 3-1 所示。

网站栏目与目录规划

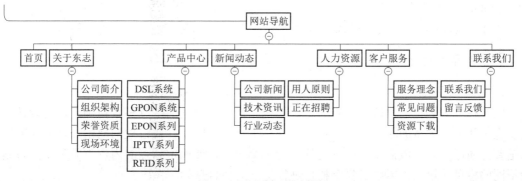

图 3-1 网站栏目规划图

**步骤 2：网站目录设计**

结合网站的栏目规划，在站点主目录即 D:\www 下完成网站的目录设计如图 3-2 所示。

图 3-2　网站目录设计

其中各目录作用如下：
① images：存储站点内所有的图片文件。
② style：存储所有的 CSS 样式表文件。
③ scripts：存储所有的脚本设计文件。
④ media：存储所有的音视频文件。
⑤ flash：存储所有的 Flash 动画文件。
⑥ download：存储所有的供下载文件。
⑦ data：存储数据文件。
⑧ news：新闻动态子栏目。
⑨ service：客户服务子栏目。
⑩ join：人力资源子栏目。
⑪ contact：联系我们子栏目。
⑫ about：关于我们子栏目。
⑬ products：产品中心子栏目。

## 四、核心技能与知识

### 1. 网站栏目规划

网站栏目规划指的是确定站点的逻辑结构。当一个网站的主题和素材确定后，设计者就应该收集和组织大量的相关资料内容来充实、丰富它。网站栏目设置的原则一是重点突出，二是要方便用户。一般需要做以下两件事情：第一，需要确定站点的内容与服务，并将其分为不同的栏目；第二，需要对各个栏目进行更细的栏目规划。

网站栏目规划需要结合网站定位来确定，与企业的实际活动相关，不能脱离主题，同时还应该创新,不仅要吸引浏览器,也要具备权威性。可能开始时会因为主栏目较多,从而难以确定最终需要哪几项,这是一个讨论的过程,需要团队人员共同商议,反复比较,选择出最能表达网站主题和内容的栏目作为主栏目。然后以同样的方法来讨论主栏目下的二级栏目,逐一确定每个主栏目的主页面需要放哪些具体的东西,主栏目下的每个二级栏目需要放哪些内容,将确定下来的内容进行归类,形成网站栏目的树状列表,用以清晰表达站点结构。

网站栏目的规划,其实是对网站内容的高度提炼。即使是文字再优美的书籍,如果缺乏清晰的纲要和结构,恐怕也会被淹没在书本的海洋中。网站也是如此,无论网站的内容多么精彩,如果缺乏准确的栏目提炼,都难以引起浏览者的关注。因此,网站的栏目规划首先要做到"提纲挈领、点题明义",用最简练的语言提炼出网站中每一个部分的内容,清晰地告诉浏览者网站要表达什么,有哪些信息和功能。

归根结底,成功的栏目规划,基于对用户需求的理解。对用户需求理解得越准确、越深入,网站栏目也就越有吸引力,才能够留住更多的潜在客户。

企业网站通常具有"公司简介""产品介绍""新闻动态""售后服务"等主要栏目。下面列举出典型企业网站的栏目规划方案,如图 3-3 和图 3-4 所示。

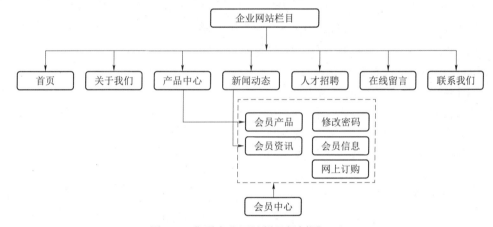

图 3-3　典型企业网站栏目规划图(1)

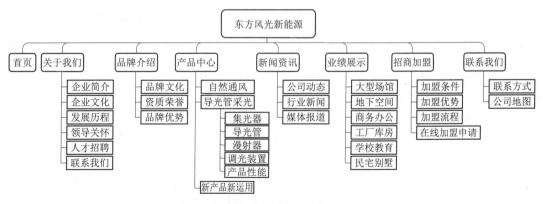

图 3-4　典型企业网站栏目规划图(2)

## 2. 网站目录结构

网站的目录是指建立网站时创建的目录。在物理意义上,网站是存储在磁盘上的文档和

文件夹的组合，这些文档包括 HTML 文件，以及各种格式的图像、音频和视频文件。如果这么多文件杂乱无章地存放在服务器的硬盘上，必然会给网站的维护与扩充带来困难。而网站的内容和链接设计都是逻辑意义上的设计。合理的站点目录结构，能够加快对网站的设计、管理，提高工作效率，节省时间。站点目录结构的好坏，对浏览者来说并没有什么太大的感觉，但是对于站点本身的维护，以及内容的扩充和移植有着重要的影响，所以，在着手开始网站的具体设计之前，首先要进行规范化的站点目录结构设计。

创建站点目录结构主要遵循以下几点原则：

① 不要将所有文件都存放在根目录下。有些网站开发者为了方便，将所有文件都放在根目录下，这样做很容易造成文件管理的混乱，一段时间后将搞不清哪些文件需要编辑和更新，哪些无用的文件可以删除，哪些是相关联的文件，从而影响工作效率。

另外，在提交时会使上传速度变慢，服务器一般都会为根目录建立一个文件索引，如果将所有文件都放在根目录下，那么即使只上传更新一个文件，服务器也需要将所有文件再检索一遍，建立新的索引文件，很明显文件量越大，等待的时间也将越长。所以，应尽可能地减少根目录下的文件存放数。

② 按栏目内容分别建立子目录。一般来说，首先为网站创建一个根目录，然后根据主菜单栏目创建多个子目录，再将资源文档分门别类地存储到相应的文件夹下，必要时可以创建多级子文件夹。为了便于维护和管理，所有需要下载的内容也最好放在一个目录下。

所有的 JavaScript 文件存放在根目录下的 scripts 中；

所有的 CSS 文件存放在根目录下的 style 目录中；

所有的 Flash 文件存放在根目录下的 Flash 中；

图片文件存放在根目录及二级目录下的 images 中；

声音及视频文件存放在根目录下的 media 中；

数据库文件存放在根目录下的 data 中；

下载文件存放在根目录下的 download 中。

③ 在每一个一级目录或二级目录下都建立独立的 Images 目录。一般来说，每个站点根目录下都有一个 Images 目录，若将所有图片都存放在这个目录里，对于网站的管理很不方便，在一些大型网站中，图片数以万计，为一级、二级栏目建立独立的 Images 目录是最为方便管理的，而根目录下的 Images 目录只是用来存放首页和一些暂时性栏目的图片。

④ 文件夹的层次不要太深，不要超过 3 层；不要使用中文目录，这是因为使用中文目录可能对网址的正确显示造成困难；不要使用过长的目录，太长的目录名不便于记忆；尽量使用意义明确的目录，以便于记忆和管理，应避免使用类似于"111""aaa"这样的目录名字。

3. 网站链接结构

网站的链接结构是指页面之间相互链接的拓扑结构。它建立在目录结构基础之上，但可以跨越目录。可以形象地说，每个页面都是一个固定点，链接则是在两个固定点之间的连线。一个点可以和一个点连接，也可以和多个点连接。更重要的是，这些点并不是分布在一个平面上，而是存在于一个立体的空间中。一般地，建立网站的链接结构有两种基本方式：

（1）树状链接结构（一对一）

这类似于 DOS 的目录结构，首页链接指向一级页面，一级页面链接指向二级页面。浏览这样的链接结构时，逐级进入，逐级退出，条理比较清晰，访问者明确知道自己在什么位置，但是浏览效率低，从一个栏目下的子页面到另一个栏目下的子页面，必须回到首页才可以进行。

（2）星状链接结构（一对多）

类似于网络服务器的链接，每个页面相互之间都建立有链接。这样浏览比较方便，随时可以到达自己喜欢的页面。但是由于链接太多，容易使浏览者迷路，弄不清自己处于网站的什么位置，浏览了多少内容。

因此，在实际的网站设计中，总是将这两种结构混合起来使用。网站希望浏览者既可以方便、快速地达到自己需要的页面，又可以清晰地知道自己的位置。所以，最好的办法是：首页和一级页面之间用星状链接结构，一级和二级及以下页面之间用树状链接结构。图 3-5 所示是一个新闻站点的目录链接结构。关于链接结构的设计，在实际的网页制作中是非常重要一环，采用什么样的链接结构直接影响到版面的布局。

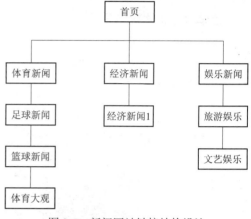

图 3-5　新闻网站链接结构设计

### 五、课后训练

1. 下面说法错误的是（　　）。
   A. 规划目录结构时，应该在每个主目录下都建立独立的 images 目录
   B. 在制作站点时，应突出主题色
   C. 人们通常所说的颜色，其实指的就是色相
   D. 为了使站点目录明确，应该采用中文目录
2. 先规划网站的目录结构时，应该注意的问题是（　　）。
   A. 尽量用中文名来命名目录　　　　B. 整个网站只需要一个 images 目录
   C. 目录层次不要太深　　　　　　　D. 使用长的名称来命名目录

# 任务 2　页面布局设计与制作

### 一、任务导入

所谓布局，就是以最适合浏览的方式将图片和文字排放在页面的不同位置上。如果网站布局结构不清晰，内容混杂，不仅影响页面的美观性，也不便于浏览者浏览网页内容，浏览者不愿意再看到只注重内容的站点，只有当网站布局和网站内容成功结合时，这样的网站才有生命力，才会吸引更多的浏览者。因此，在网页制作过程中，布局设计是至关重要的。

"×××科技有限公司"企业网站经过前期分析已经形成了初步规划方案，接下来需要进行网页的布局设计与内容设计。由于 DIV+CSS 布局遵循 Web 2.0 标准，能做到表现与内容相分离，较 Table 布局有一定的优势，因此本项目采用 DIV+CSS 布局设计。

网站构建技术

## 二、任务目标

网站布局设计。

## 三、任务实施

**步骤 1：总体布局分析**

页面布局设计与制作

通过如图 3-6 所示的网站效果图分析，本网站的主色调是橙色，配以少量的蓝色、灰色，给人以清爽、大方的感觉。网页的结构属于顶行两列式布局，也称为 T 形布局。其中顶行用于显示网站 Logo、搜索条和导航信息，左右两列显示网站的主要内容。

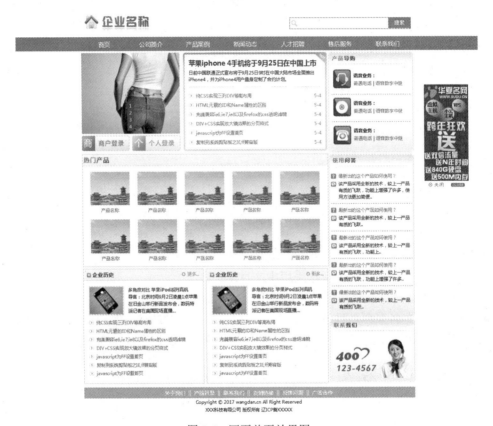

图 3-6 网页首页效果图

根据设计要求，将网站从上至下分为四个 DIV 区域：header、nav、main 及 footer。main 是网站主要内容的 DIV 容器，在 main 中将页面分为两部分，分别为 content 和 side 两个 DIV 对象，如图 3-7 所示。在 content 及 side 对象中使用 DIV 标签来设计各部分的具体内容。

网页元素包括网页中的文字、图像、导航及链接等。在正式制作之前，应该规划好这些元素的设计。

① 图像：网页中的图像主要包括网页标志 Logo、背景图片、装饰性小图标、按钮等。

② 导航和链接：导航的样式可以采用背景颜色变换或者是背景图像变换，导航链接设计成文字颜色变换形式的超链接。

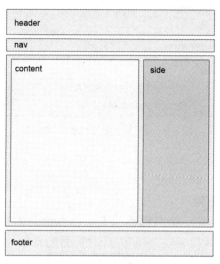

图 3-7　网页布局分析

③ 文字：网页中的文字包括标题文字和正文文字。整个网站字体采用微软雅黑，标题文字大小采用 14 px，正文文字大小采用 12 px。

**步骤 2：制作链接外部样式文件**

① 执行"文件"→"新建"，新建一个 CSS 文件，如图 3-8 所示。

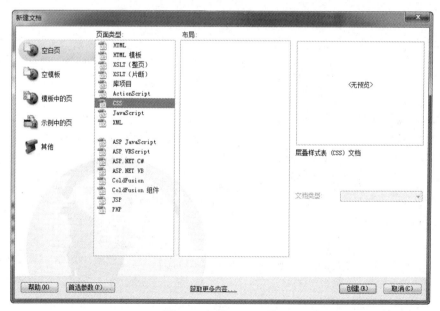

图 3-8　新建 CSS 文件

② 执行"文件"→"另存为"命令，将新建的 CSS 文件保存在 style 文件夹中，命名为 layout.css。

③ 执行"窗口"→"CSS 样式"命令，打开 CSS 控制面板，单击"附加样式表"按钮，进入"链接外部样式表"对话框，如图 3-9 所示，单击"浏览"按钮选择创建的 layout.css 文件，单击"确定"按钮，完成外部样式的链接。

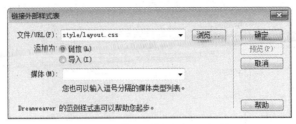

图 3-9 "链接外部样式表"对话框

在代码视图中,对应的代码如下:

```
<link href="style/layout.css" rel="stylesheet" type="text/css" />
```

**步骤 3**:搭建主体结构框架

① 在 Dreamweaver 中新建一个 HTML 文件,保存命名为 index.html,并将网页标题"无标题文档"修改为"×××科技有限公司"。此时页面的完整代码如下:

```
<!DOCTYPE html PUBLIC "-//W3C//DTD XHTML 1.0 Transitional//EN" "http://www.w3.org/TR/xhtml1/DTD/xhtml1-transitional.dtd">
<html xmlns="http://www.w3.org/1999/xhtml">
<head>
<meta http-equiv="Content-Type" content="text/html; charset=utf-8" />
<title>XXX科技有限公司</title>
<link href="style/index.css" rel="stylesheet" type="text/css" />
</head>
<body>
</body>
</html>
```

**提示**:这里页面编码采用的是默认编码格式 UTF-8,它是 16 位国际通用编码。在实际开发中,要求所有文件必须和本文档的编码一样,否则就会出现中文乱码现象。

② 根据图 3-9 所分析的布局结构,插入各个块对应的 DIV 标签,对应的代码如下:

```
<div id="header">此处显示 id "header" 的内容</div>
<div id="nav">此处显示 id "nav" 的内容</div>
<div id="main">
    <div id="content">此处显示 id "content" 的内容</div>
    <div id="side">此处显示 id "side" 的内容</div>
</div>
<div id="footer">此处显示 id "footer" 的内容</div>
```

③ 为了使网页在浏览器中整体居中显示,通常在 header、nav、main、footer 这些标签外,增加一个父标签 wrapper,以实现页面整体居中,方便页面整体控制。对应的代码如下:

```
<div id="wrapper">
<div id="header">此处显示 id "header" 的内容</div>
<div id="nav">此处显示 id "nav" 的内容</div>
<div id="main">
```

```
    <div id="content">此处显示 id "content" 的内容</div>
    <div id="side">此处显示 id "side" 的内容</div>
</div>
<div id="footer">此处显示 id "footer" 的内容</div>
</div>
```

**步骤 4：设置 CSS 样式**

① 首先设置全局的样式，而后写每一块单独的样式，全局样式如下：

```
body, ul, li, h1, h2, h3, h4, h5, h6, dl, dt, dd, input,p,iframe {
    margin:0;/*清除块级元素的默认的浏览器样式*/
    padding:0;
}
body {
    font-size:12px;
    font-family:"微软雅黑";
}
a {
    text-decoration:none;
    color:#666;
}
ul {
    list-style:none;/*清除无序列表的默认样式*/
}
.clearFloat {
    clear:both;
}
a img {
    border:none;
}
```

② 观察尺寸。HTML 结构代码完成后，接下来需要控制其表现，设置 CSS 样式。但首先需要测量效果图的整体宽度，然后设置 wrapper 的宽度并居中。测量效果图宽度的方法有多种，可以直接查看图片尺寸。如果测量其中某一块的宽度，可以在 Photoshop 软件中测量。

具体测量方法：在 Photoshop 软件中选择"编辑"→"首选项"→"单位与标尺"，将当前 Photoshop 中的单位改为"像素"，然后利用选区选中要测量的部分，在"信息"面板中就会显示出当前选区的宽、高对应的像素值，如图 3-10 所示。

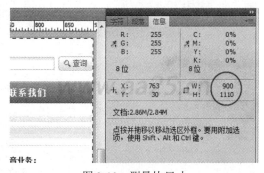

图 3-10 测量块尺寸

③ 测量后得知，页面整体宽度为 900 px，其中 content 部分的宽度为 664 px，side 部分的宽度为 228 px。在 layout.css 文件中设置全局样式，使整个页面居中显示。设置 wrapper 的样式如下：

```css
#wrapper{
 width:900px;
 margin:0 auto;/*当margin属性的右设置为auto时,实现块元素居中效果*/
}
```

**注意**：在 CSS 属性设置中，非 0 像素值不能缺省像素单位 px。

④ 设置每个区块的样式。为了便于观察，将区块设置了不同的背景颜色。代码如下所示。

```css
/*设置全局样式*/
body{
    margin:0;/*清除块级元素的默认的浏览器样式*/
    padding:0;
    }
.clearFloat{
    clear:both;/*清除浮动影响*/
    }
#wrapper{
    width:900px;
    margin: 0  auto;/*使页面整体居中显示*/
    }
/*头部footer*/
#header{
    width:900px;
    margin:0 auto;
    height:100px;
    background:#09F;}
/*导航nav*/
#nav{
    width:900px;
    margin:5px auto 0;
    background: #F6C;
    height:36px;
    }
/*主体main*/
#main{
    width:900px;
    margin:5px auto 0;
    }
```

```css
/*内容 content*/
#content{
    width:667px;
    margin-right:5px;
    height:350px;
    background:#F60;
    float:left;
}
/*右边栏 footer*/
#side{
    width:228px;
    height:350px;
    background:#396;
    float:left;
}
/*页脚 footer*/
#footer{
    width:900px;
    margin:5px auto 0;
    height:80px;
    background:#F9C;
}
```

⑤ 预览效果，发现在页脚 footer 的背景颜色丢失，其实是隐藏在 main 的下面，原因是其前面 2 个区块 content 和 side 分别进行了浮动，对其产生了影响。建议在 footer 前增加一个空的 DIV 标签，并对其设置 clearFloat {clear:both;}的 CSS 样式，它的作用是清除浮动的影响。最后页面效果如图 3-11 所示。

```html
<div id="wrapper">
  <div id="header">此处显示 id "header" 的内容</div>
  <div id="nav">此处显示 id "nav" 的内容</div>
  <div id="main">
    <div id="content">此处显示 id "content" 的内容</div>
    <div id="side">此处显示 id "side" 的内容</div>
  </div>
  <div class="clearFloat"></div>
  <div id="footer">此处显示 id "footer" 的内容</div>
</div>
```

注意：在 IE6 下，main 的底部外边距并没有生效，而在 IE8 下，页脚 footer 隐藏到 main 的下面，原因是如果一个容器内的元素都浮动，那么它的高度将不会去适应内部元素的高度。解决办法是在#main 中增加 overflow:auto;，这样就可以让它自动适应内部元素的高度了。这也是清除浮动影响的第二种方法。

图 3-11　首页主体搭建效果

### 四、核心技能与知识

1. 页面尺寸

页面尺寸与显示器大小及分辨率有关系，网页的局限性就在于无法突破显示器的范围，并且由于浏览器也将占去不少空间，留下的页面范围变得越来越小。一般分辨率在 1 024×768 px 的情况下，网页宽度保持在 1 002 px 以内，如果满框显示，高度介于 612～615 px，不会出现水平滚动条和垂直滚动条；在 800×600 px 的情况下，网页宽度保持在 778 px 以内，不会出现水平滚动条，高度则视版面和内容决定。页面高度原则上不超过 3 屏，宽度不超过 1 屏。所以，分辨率越高，页面的尺寸就越大。

2. HTML 文档的基本结构

```
<html>
<head>
<meta http-equiv="Content-Type" content="text/html; charset=utf-8" />
<title>无标题文档</title>
</head>
<body>
</body>
</html>
```

- <html>...</html>：双标签，由首标签和尾标签构成，用于标识网页文件的开始和结束。
- <head>...</head>：头部标签。
- <title>...</title>：标题标签，修饰的内容将显示在浏览器的标题栏中，其必须放置在 <head>...</head> 标签中间。
- <meta>：元标签，它是单标签，其中包含 charset 属性，用来设置网页文档的字符编码。
  - charset=utf-8，16 位的国际编码。
  - charset=GB2312，8 位的简体中文编码。

- \<body>...\</body>，主体标签，修饰的内容将显示在浏览器的文档窗口中。
3. 网页布局技术

网页布局设计技术迄今为止主要有 Table 表格布局、DIV+CSS 布局和层布局。目前的网页布局设计领域主流是以 DIV+CSS 布局为主，Table 表格布局与层布局为辅。

（1）表格布局

Table（表格）布局是比较早期的网站设计布局方式，对于早期的网站设计编码来说效率非常高，可以有效地减少反复嵌套的烦琐过程，并且使用表格布局的网站浏览器兼容性很好，但是客户的浏览速度会很慢。

表格布局主要是利用 HTML 的 table 元素所具备的零边框（border=0）特性。一般用 Table 元素的单元格将网页页面分区，然后在单元格中嵌套其他表格定位内容。通常使用 Table 元素的 align、valign、cellspacing、cellpadding 等属性控制内容的位置，用 font 元素来控制文本的显示。下面是用 table 元素进行布局的简单示例，其主要代码如下：

```
<!--定义表格的表现-->
<table border="0" cellpadding="0" cellspacing="0" width="100%">
<tr>
    <td align="center"> <!--定义内容的居中-->
<font color="red">生查子·元夕</font><br /> <!--定义文本的表现-->
欧阳修<br />去年元夜时,花市灯如昼。<br />月到柳梢头,人约黄昏后。<br />今年元夜时,月与灯依旧。<br />不见去年人,泪满春衫袖。
</td> </tr></table> <!--对应的结束元素-->
```

代码中使用 table、tr、td 三个元素定义了一个表格，在 td 元素中定义了文本居中，在 font 元素中定义标题为红色。其应用到网页中效果如图 3-12 所示。

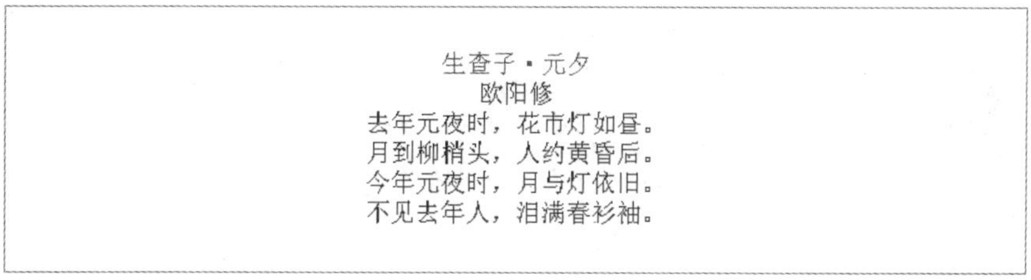

图 3-12 Table 布局的页面

示例中使用 font 元素控制文本的颜色为 red，用 td 的 align 属性控制内容的居中。从显示效果来看并没有什么问题。但是由于表现部分嵌到了结构部分之中，当制作了繁多的类似页面之后，修改页面表现就会很困难。例如，页面中有几十首诗词，现在要将页面中诗词标题的字体颜色改为 blue，那么就要更改几十个 font 元素中的 color 值。如果有成千上万的页面，这样的操作就会花费大量的时间。

（2）DIV+CSS 布局

在 DIV+CSS 布局中，结构部分和表现部分是各自独立的，符合 Web 2.0 标准。结构部分是页面的 XHTML 部分，表现部分是调用的 CSS 文件。XHTML 只用来定义内容的结构，所有表现的部分放到单独的 CSS 文件中。下面是 DIV+CSS 布局的示例，其主要代码如下：

```html
<head>
<meta http-equiv="Content-Type" content="text/html; charset=gb2312" />
<title>div布局示例</title>
<link href="style.css" type="text/css" rel="stylesheet" /><!--引用样式文件代码 -->
</head>
<!--以上是页面头部 -->
<body><!--页面主体部分开始-->
<div>
<span>生查子·元夕</span><br />
欧阳修<br />去年元夜时,花市灯如昼。<br />月到柳梢头,人约黄昏后。<br />今年元夜时,月与灯依旧。<br />不见去年人,泪满春衫袖。
</div>
</body>
```

其中代码:

```html
<link href="style.css" type="text/css" rel="stylesheet" />
```

实现了 style.css 文件的调用,CSS 文件中的代码如下:

```css
div {
    width:100%;
    text-align:center;}  /*定义文本水平居中显示*/
span {
    color:red;}      /*定义文本的颜色*/
```

将代码应用到网页中,其效果如图 3-13 所示。

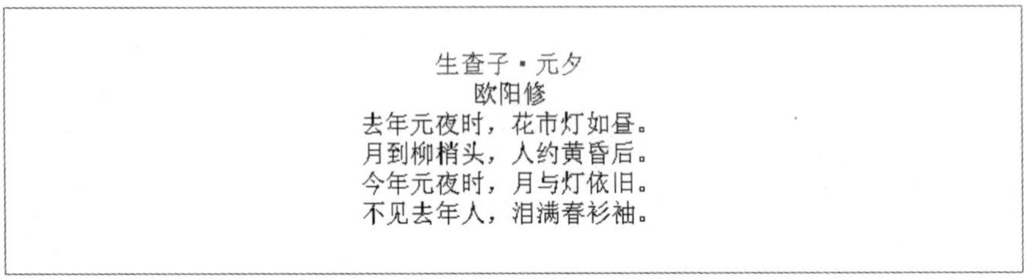

> 生查子·元夕
> 欧阳修
> 去年元夜时,花市灯如昼。
> 月到柳梢头,人约黄昏后。
> 今年元夜时,月与灯依旧。
> 不见去年人,泪满春衫袖。

图 3-13  DIV+CSS 布局的页面

采用 DIV+CSS 布局之后,结构部分和表现部分完全分离了。同样,若要更改诗词标题的字体颜色为 blue,只需更改 CSS 中 span 元素的 color 属性。如果网站中所有页面都调用相同的 CSS 文件,那么更改网站所有诗词标题的颜色也只需更改这一句代码。语义清楚的 XHTML 和合理的 CSS,使得网站的改版非常容易。

提示:使用 CSS 的标准布局,并不是简单地用 div 等元素代替 table 元素,而是要从根本上改变对页面的理解方式,达到结构和表现相分离的效果。

4. 网页布局的形式

(1) "T" 结构布局

所谓 "T" 结构,就是指页面顶部为网站标志及横幅广告条,下方左面为主菜单,右面显示内容的布局，最下面也是一些网站的辅助信息，因为菜单条背景较深，整体效果类似于英文字母"T"，所以称之为"T"形布局。这种布局的优点是页面结构清晰，主次分明，是初学者最容易上手的布局方法。缺点是规矩呆板，如果细节色彩上不注意，很容易让人"看之无味"。

（2）"国"字形布局

也可以称为"同"字形，是一些大型网站所喜欢的类型，即最上面是网站的标题及横幅广告条，接下来就是网站的主要内容，左右分列两小条内容，中间是主要部分，与左右一起罗列到底，最下面是网站的一些基本信息、联系方式、版权声明等。这种结构是应用最多的一种结构类型，优点是充分利用版面，信息量大，与其他页面链接多、切换方便。缺点是页面拥挤，不够灵活。

（3）"三"形布局

这是一种简洁明快的网页布局，这种布局多用于国外站点，国内比较少见。特点是页面上由横向两条色块将整体分割为 3 部分，色块中大多放广告条。

（4）对称对比布局

顾名思义，采取左右或者上下对称的布局，一半深色，一半浅色，一般用于设计类站点。优点是视觉冲击力强。缺点是将两部分进行有机结合比较困难。

（5）POP 布局

POP 引自广告术语，就是指页面布局像一张宣传海报，以一张精美图片作为页面的设计中心。常用于时尚类站点，例如 ELLE.com。优点是漂亮，吸引人。缺点是速度慢。

（6）Flash 布局

这种布局是指整个网页就是一个 Flash 动画，它本身就是动态的，画面一般比较绚丽、有趣，是一种比较新潮的布局方式。其实这种布局与封面型结构是类似的，不同的是由于 Flash 强大的功能，页面所表达的信息更丰富。其视觉效果及听觉效果如果处理得当，会是一种非常有魅力的布局。

5. 网页版式设计

页面版式构图类型主要包括对称平衡、不对称平衡、水平平衡及垂直平衡。

（1）对称平衡（图 3-14）

图 3-14　对称平衡

若想网页整体视觉感受美观和优雅，通常需要制作成对称网站。通过类似的对象上的中心轴线来实现。可以通过相同的尺寸，基于网格的文本段落，或具有匹配文本相片的图像进行说明。实际上，对称性设计被认为是最赏心悦目的设计，也是大多数人的典型思维模式。

（2）不对称平衡（图 3-15）

图 3-15　不对称平衡

不对称平衡给人带来一种自由随意的感觉。尽管有时候看上去不是那么自然，但是它还是经常在网页设计中得到使用。不对称平衡常常运用在一些以大的高清图片作为页面背景，主体远离了中心轴线的情况，目的是把更醒目的标题留在中间。

不对称平衡设计的主要目的是将视觉重点移位到左边或右边（或顶部或底部）。因此，如果决定要用不对称功能，需要反复地试验，以避免混淆网站的访问者。无论什么类型的对称，核心都要让整体平衡。

（3）水平平衡（图 3-16）

图 3-16　水平平衡

水平平衡是网页最经典的页面布局。大部分人都习惯从左向右阅读，所以左右布局也是最自然、最经典的一种布局方式。如果客户比较传统，那么设计也应该简单明了。

（4）垂直平衡（图3-17）

图3-17 垂直平衡

垂直结构用于头部和底部的元素非常相似的情形。这样的布局往往运用于小图片的展示，比如下面的例子。

6. DIV+CSS 布局的优势

CSS 是 Cascading Style Sheets（层叠样式表）的缩写，它是一种用来表现 HTML 或 XML 等文件样式的计算机语言。

DIV 元素是用来为 HTML 文档内大块的内容提供结构和背景的元素。DIV 的起始标签和结束标签之间的所有内容都是用来构成这个块的，其中所包含元素的特性由 DIV 标签的属性来控制，或者是通过使用样式表 CSS 格式化这个块进行控制。

简单地说，DIV 用于搭建网站结构（框架）、CSS 用于创建网站表现（样式及美化），实质是使用 XHTML 对网站进行标准化重构，使用 CSS 将表现与内容分离，在整个网站中使用层叠样式表可以减少日常页面的更新工作量，便于网站维护，简化 html 页面代码，可以获得一个较优秀的网站结构，便于日后维护、协同工作和搜索引擎抓取。

当然，使用 DIV+CSS 布局并不意味着完全排除表格的使用，例如设计数据页面、报表之类的页面时，还是会用 table 的。Web 标准里并没有说要摒弃 table，不要让 DIV 成为 table 的替代品。多层嵌套的 DIV 会严重影响代码的可阅读性，应当灵活运用 HTML 提供的标签。Web 标准化设计是指 CSS 布局的重点不再放在 table 元素的设计中，取而代之的是 HTML 中的另一个元素 DIV，即采用 DIV+CSS 的方式进行布局。

DIV+CSS 布局的优势是：

① 高效开发与简单维护。

② 站点信息跨平台的可用性，使站点对浏览者和浏览器更具有亲和力。

③ 降低服务器成本。

CSS 的极大优势表现在代码简洁,使得文件变小,这对于一个网站来说,可以节省服务器空间,节约成本。

④ 便于改版。

DIV+CSS 制作的网站内容和表现分离,使页面和样式的调整变得更加方便,网站改版相对变得简单,很多问题只需要简单地修改 CSS 文件而不需要改动程序就可以重新设计整个网站的页面,使得在修改设计时更有效率而代价更低。

⑤ 代码简洁,加快网页解析的速度。

对于同一个页面视觉效果,采用 DIV+CSS 重构的页面容量要比采用 table 编码的页面文件容量小得多,代码更加简洁,前者一般只有后者的 1/2 大小。对于一个大型网站来说,可以节省大量带宽。

⑥ 让站点可以更好地被搜索引擎找到。

由于用只包含结构化内容的 HTML 代替嵌套的标签,搜索引擎将更有效地搜索到网页内容,并可能给网站一个较高的评价。

⑦ 使整个站点保持视觉的一致性。

尽管 DIV+CSS 具有一定的优势,不过现阶段 DIV+CSS 网站建设存在的问题也比较明显,主要表现在:

第一,对 CSS 的高度依赖使得网页设计变得比较复杂。

第二,若 CSS 文件异常,将会影响整个网站的正常浏览。

第三,对于 DIV+CSS 布局的网站,浏览器的兼容性问题比较突出,DIV+CSS 还有待于各个浏览器厂商的进一步支持。

### 五、课后训练

1. 清除浮动影响常见的方法有哪些?(至少写出 2 种)
2. DIV + CSS 布局的优点有哪些?

## 任务 3　首页面内容设计与制作

### 一、任务导入

网站的框架搭建结束后,最重要的添加页面基本元素并通过 CSS 对页面外观进行美化和控制。

CSS(Cascading Style Sheet)通常称为"层叠样式表"或"级联样式表"。层叠是指对同一个元素或 Web 页面应用多个样式的能力。精美的网页离不开 CSS 技术。采用 CSS 技术可以对页面的布局、字体、颜色、背景等实现更加精确的控制。使用 CSS 样式可以制作出更加复杂和精巧的网页,内容与表现形式是相互分离的,网页维护和更新起来也更加容易和方便。同时,通过设置 CSS 样式可以控制网页的布局和网页特效,改善网页外观,达到美化网页的效果。

网站首页面效果如图 3-18 所示。

项目模块三　网站首页面设计与制作

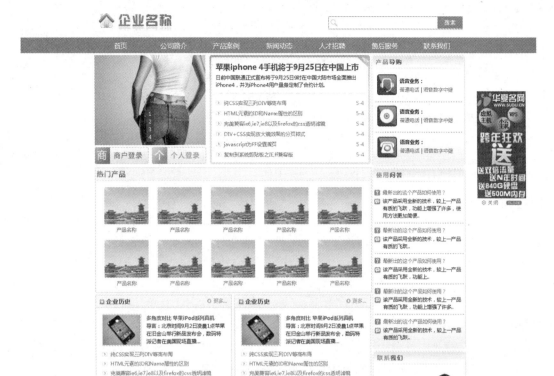

图 3-18　网站主页效果图

## 二、任务目标

1. 网站头部设计。
2. 导航条设计。
3. 网站边栏设计。
4. 网站主体内容设计。
5. 网站页脚设计。

首页面内容设计与制作

## 三、任务实施

**步骤 1：头部设计**

网页头部为两部分：一部分是 logo，靠左侧显示，一部分是搜索条，靠右侧显示。因此，布局时插入两个 div，以一个向左浮动、一个向右浮动的方式来完成。另外，还有很多种实现方法，比如，logo 用 h1 标签，搜索用 span，或者把 logo 作为背景图片也是可以的。不管采用哪种方法，要根据页面的需求选用一种最合理的方法。如果要在 logo 中添加链接，那么就不能用背景图片的方法。

① 先在 header 中插入以下两块元素：

```html
<div id="header">
<div id="logo">此处显示 id "logo" 的内容</div>
<div id="search">此处显示 id "search" 的内容</div>
</div>
```

然后分别插入相应的内容，在 logo 中插入事先切割好的 logo 图片，在 search 中插入一个表单、一个文本框和一个按钮。插入后如下：

```html
<div id="header">
<div id="logo"><img src="images/logo.gif" /></div>
<div id="search">
<form id="search_form" name="reg" method="post" action="#">
搜索产品
<input type="text" name="textfield" id="textfield" />
<input type="submit" name="button" id="btn_search " value="查询" />
</form>
</div>
</div>
```

② 定义 CSS。在 Photoshop 软件中通过测量，得知头部的高度是 80 px，logo 距顶部 22 px，搜索产品距顶部 30 px，距右侧 5 px。设置对应 CSS 代码如下：

```css
/*网站logo*/
#logo {
    float:left;
    padding:22px 0 0 10px;
}
/*头部搜索条*/
#search {
    float:right;
    padding:30px 5px 0 0;
}
```

③ 利用定位属性 position 设计仿百度式搜索条。具体 CSS 代码如下：

```css
#search_form {
    position:relative;
}
#search_form  input# textfield {
    width:320px;
    height:28px;
    line-height:28px;
    border:1px solid #F60;
    background:url(../images/zoom.jpg) 4px 6px no-repeat;
```

```
        padding-left:5px;
}
#search_form  #btn_search {
        height:28px;
        letter-spacing:2px;
        width:60px;
        background:#F60;
        color:#fff;
        border:none;
        position:absolute;
        right:1px;
        top:1px;
        cursor:pointer;
        outline:none;
        font-family:"微软雅黑";
}
#search_form  #btn_search:hover {
        background:#F30;
}
#search_form  #btn_search:focus {
        outline:none;
}
```

属性 cursor:pointer 是将鼠标状态设置为小手状。

将父元素 search_form 使用相对定位，子元素#btn_search 使用绝对定位，这样子元素的位置默认不再相对于浏览器左上角，而是相对于父元素左上角。

**步骤 2**：导航菜单制作

① 在 div 标签 nav 中添加导航条对应的无序列表元素，具体代码如下：

```
<div id="nav">
    <ul>
        <li><a href="index.html" target="_blank">首页</a></li>
        <li><a href="about/index.html" target="_blank">关于我们</a></li>
        <li><a href="news/index.html" target="_blank">新闻中心</a></li>
        <li><a href="product/index.html" target="_blank">产品展示</a></li>
        <li><a href="join/index.html" target="_blank">网上招聘</a></li>
        <li><a href="contact/index.html" target="_blank">联系我们</a></li>
        <li><a href="service/index.html" target="_blank">服务与支持</a></li>
    </ul>
</div>
```

提示：IE6 下空链接样式无效果。

② 设置与 header 类似的标签属性来设置 nav 标签的"#nav"id 选择器，具体代码如下：

```css
#nav {
    background: #F60;
    height:36px;
    line-height:36px;/*height 与 line-height 值相等,文字垂直居中*/
}
```

此处 nav 并未设置宽度属性，将导航条背景颜色无限延伸，以适应浏览器宽度，使整体页面效果更大气。

③ 编写 nav 中无序列表的 ul 的 CSS 代码：

```css
#nav ul {
width:900px;
margin:0 auto; /*导航内容居中显示*/
}
```

④ 无序列表的 ul 中的 li 列表项的代码：

```css
#nav ul li {
    list-style:none;
    float:left;
    width:128px;
}
```

⑤ 列表项中超级链接 a 的 CSS 样式设置与 hover 状态的设置：

```css
#nav ul li a {
    text-decoration:none;
    color:#FFF;
    font-weight:bold;
    font-size:16px;
    display:block;
}
#nav ul li a:hover {
    background:#fff;
    color:#333;
}
```

**步骤 3：侧边栏制作**

① 结构分析。主体部分涉及 content 和 side 两部分。主体部分设计先从侧边栏做起，由于侧边栏 3 个区块风格一致，因此侧边栏可以共用一个样式。下面 div 元素 side 中先设置对应的三个区块，插入如下 html 代码：

```html
<div id="side">
 <div class="side_box">
 <h2><strong>产品</strong>导购</h2>
 <div class="side_con">此处显示 class "side_con" 的内容</div>
```

```
</div>
<div class="side_box">
<h2><strong>使用</strong>问答</h2>
<div class="side_con">此处显示 class "side_con" 的内容</div>
</div>
<div class="side_box">
<h2><strong>联系</strong>我们</h2>
<div class="side_con">此处显示 class "side_con" 的内容</div>
</div>
</div>
```

这里的标题采用 h2 标签，没必要再用 div。此外，"产品导购"中的"产品"两字是橙色字体，这里使用 strong 标签，这样可以省去很多没必要的定义，所以，在页面布局中一定要合理利用每一个标签。在 DIV+CSS 布局设计中，很多设计者误认为只要遇到块级元素，就用 div，因此造成了 div 的滥用，而合理利用每个标签，才是 Web 标准设计的准则。

② 设置区块 side_box 的 CSS 样式。

```
#side { float:right; width:228px;}
.side_box { margin-bottom:8px;}
.side_box h2 { height:25px; padding:6px 10px 0 10px; background:url(../images/side_bg.gif) 0 0 no-repeat; font-size:14px; color:#444;}
.side_box h2 strong { color:#f30;}
.side_con { padding:10px; background:url(../images/side_bg.gif) 0 bottom no-repeat;}
```

预览效果如图 3-19 所示。

图 3-19 边栏初步预览效果

③ 边栏顶部细节分析。产品导购部分的内容分为三部分，可以用 ul、li 列表的形式来实现。图标用背景图片来实现，也可以在 li 上设置背景图片，但这样较为麻烦，每一个都需要设置，并且还需要进行定位。较为简便的方法就是定义 ul 的背景图片，这是因为在切图标时，每个图标之间的间距是按照效果图的间距来切片的。结构代码如下：

```
<div class="side_box">
<h2><strong>产品</strong>导购</h2>
```

```
<div class="side_con product">
<ul>
<li><strong>语音业务:</strong><a href="#">普通电话</a> | <a href="#">语音数字中继</a></li>
<li><strong>语音业务:</strong><a href="#">普通电话</a> | <a href="#">语音数字中继</a></li>
<li class="product3"><strong>语音业务:</strong><a href="#">普通电话</a> | <a href="#">语音数字中继</a></li>
</ul>
</div>
</div>
```

注意：class 后跟了两个样式名称，说明一个元素是可以定义多个样式的，中间用空格分开。

同时，第三个 li 定义了一个 product3 样式，然后在样式表中定义它的底部边框为"无"，因为前面定义 li 的底边框为 1 px 的虚线，而最后一个列表项不需要下边框，所以单独定义一个样式将其取消。这里的 product 根据需要自己定义的名称，一般用能表达这块内容意思的简洁英文来表示。

④ 定义"产品导购"部分样式。

```
/*产品导购*/
.product {
    padding:8px;
}
.product ul {
    background:url(../images/icon2.gif) 5px 6px no-repeat;/*left top*/
}
.product ul li {
    height:60px;
    border-bottom:1px #666 dashed;
    padding:10px 0 0 60px;
}
.product ul li strong {
    display:block;
    line-height:24px;
}
.product ul li.product3 {
    border-bottom:none;
}
```

⑤ 边栏中部结构分析。"使用问答"部分都是一问一答的形式，问与答各采用不同的图标，并且问题对应的文字加粗显示，所以这部分采用 dl、dt、dd 的形式来完成。具体结构代

码如下：

```
<div class="side_con ask">
<dl>
<dt><a href="#">最新出的这个产品如何使用?</a></dt>
<dd>该产品采用全新的技术,较上一产品有质的飞跃,功能上增强了许多,使用方法更加简便...</dd>
</dl>
<dl>
<dt><a href="#">最新出的这个产品如何使用?</a></dt>
<dd>该产品采用全新的技术,较上一...</dd>
</dl>
<dl>
<dt><a href="#">最新出的这个产品如何使用?</a></dt>
<dd>该产品采用全新的技术,较上一产品有质的飞跃,功能上增强了...</dd>
</dl>
<dl>
<dt><a href="#">最新出的这个产品如何使用?</a></dt>
<dd>该产品采用全新的技术,较上一产品有质的飞跃,功能上增强...</dd>
</dl>
<dl class="ask5">
<dt><a href="#">最新出的这个产品如何使用?</a></dt>
<dd>该产品采用全新的技术,较上一产品有质的飞跃,功能上增强了许多,使用方法更加简便...</dd>
</dl>
</div>
```

⑥ 定义"使用问答"部分样式。

```
/*使用问答*/
.ask dl {
    border-bottom:1px #666 dashed;
    padding:8px 0;
}
.ask dl dt {
    height:20px;
    background:url(../images/icon.gif) 0 -148px no-repeat;
    padding-left:20px;
}
.ask dl dd {
    background:url(../images/icon.gif) 0 -197px no-repeat;
    padding-left:20px;
}
.ask dl.ask5 {
```

```
    border-bottom:none;
}
```

⑦ 边栏底部结构分析。"联系我们"部分直接插入图片，然后调整一下位置即可。具体结构代码如下：

```
<div class="side_box ">
    <h1><strong>联系</strong>我们</h1>
    <div class="side_con contact"><a href="#"><img src="images/tel.gif" /></a></div>
</div>
```

⑧ 定义"使用问答"部分样式。

```
.contact { padding:2px;}
```

**步骤 4：主体部分设计**

主体部分可以分三大部分，顶部是幻灯片和热点新闻，中间是图片列表，最下方分为左右两个区块。

① 顶部主体部分的结构分析。顶部实际上还是左右两列布局形式。id 名称为 banner 对应的 div 块，是为了实现仿京东幻灯片效果，需要引入外部 JavaScript 文件 jquery.js、/jquery.SuperSlide.2.1.1.js、slide.js。热点新闻列表中的日期，是用一个<span>标签写在了内容的前边，然后将<span>向右浮动，达到兼容效果。

主要结构代码如下：

```
<div id="index_top">
  <div id="slide">
    <div class="slider" id="banner">
     <ul class="slider-main" style="position: relative;" id="index-banner">
      <li class="slider-panel"> <a href="#"target="_blank"> <img src="images/pic.jpg" /> </a> </li>
      <li class="slider-panel"> <a href="#" target="_blank"> <img src="images/pic1.jpg" /> </a> </li>
      <li class="slider-panel"> <a href="#" target="_blank"> <img src="images/pic2.jpg"/> </a> </li>
      <li class="slider-panel"> <a href="#" target="_blank"> <img src="images/pic3.jpg"/> </a> </li>
     </ul>
        <div class="slider-page" style="display: none;"> <a class="slider-prev" href="javascript:void(0)" id="banner-page-left"> &lt; </a> <a class="slider-next" href="javascript:void(0)" id="banner-page-right"> &gt; </a> </div>
      <div class="slider-extra">
          <ul class="slider-nav" id="banner-page">
          </ul>
        </div>
```

```
            </div>
            <div id="login">
                <a href="#"><img src="images/btn_login.gif" /></a>  
                <a href="#"><img src="images/btn_login1.gif" /></a></div>
            </div>
            <script src="scripts/slide/jquery.js" type="text/javascript"></script>
            <script src="scripts/slide/jquery.SuperSlide.2.1.1.js" type="text/javascript"></script>
            <script src="scripts/slide/slide.js" type="text/javascript"></script>
    <div id="news">
        <div id="hot_news">
            <h1>苹果 iphone 4 手机将于 9 月 25 日在中国上市</h1>
            <p>日前中国联通正式宣布将于 9 月 25 日 9 时在中国大陆市场全面推出 iPhone4，并为 iPhone4 用户量身定制了合约计划。</p>
        </div>
        <div id="news_list">
            <ul>
                <li><span>5-4</span><a href="#">纯 CSS 实现三列 DIV 等高布局</a></li>
                <li><span>5-4</span><a href="#">HTML 元素的 ID 和 Name 属性的区别</a></li>
                <li><span>5-4</span><a href="#">完美兼容 ie6,ie7,ie8 以及 firefox 的 css 透明滤镜</a></li>
                <li><span>5-4</span><a href="#">DIV+CSS 实现放大镜效果的分页样式</a></li>
                <li><span>5-4</span><a href="#">javascript 为 FF 设置首页</a></li>
                <li><span5-4</span><a href="#">复制到系统剪贴板之 IE,ff 兼容版</a></li>
            </ul>
        </div>
    </div>
</div>
```

② 定义顶部主体 CSS 样式。

```
#index_top{
    width:667px;
    overflow:hidden;/*清除子元素浮动影响*/
    }
/*Banner 部分*/
#slide{
    width:270px;
    float:left;}
.slider {
    height: 210px;
```

```css
    position: relative;
    text-align: center;
    width:269px;
}
.slider img {
    width:269px;
    height:210px;
}
.slider-extra {
    bottom: 8px;
    left: 0;
    position: absolute;
}
.slider-nav li {
    background: #3e3e3e none repeat scroll 0 0;
    border-radius: 50%;
    color: #fff;
    cursor: pointer;
    display: inline-block;
    height: 9px;
    margin: 0 3px;
    overflow: hidden;
    text-align: center;
    width: 9px;
}
.slider-nav .current {
    background: #b61b1f none repeat scroll 0 0;
    color: #fff;
}
.slider-nav li {
    display: inline-block;
    height: 18px;
    line-height: 16px;
    width: 18px;
    font-family: "Microsoft YaHei", "微软雅黑", "SimSun", "宋体";
}
.slider-prev {
    left: 0;
}
```

```css
.slider-next {
    right: 0;
}
.slider-nav {
    width:269px;
}
.slider-page a {
    background: rgba(0, 0, 0, 0.2) none repeat scroll 0 0;
    color: #fff;
    display: block;
    font-family: "simsun";
    font-size: 22px;
    font-weight: normal;
    height: 62px;
    line-height: 62px;
    margin-top: -31px;
    position: absolute;
    text-align: center;
    top: 50%;
    width: 28px;
    z-index: 1;
}
/*登录部分*/
#slide #login{
    margin-top:5px;}
/*热点新闻*/
#news{
    width:358px;
    height:225px;
    background:url(../images/hot_bg.gif) no-repeat;
    float: right;
    padding:15px;}
#hot_news{
    border-bottom:1px dotted #ccc;
    padding-bottom:10px;}
#hot_news h1{
    font-size: 18px;
    color:#333;
    height:30px;
```

```css
}
/*新闻列表*/
#news_list{
    padding-top:10px;}
#news_list ul li{
    line-height:24px;
    background:url(../images/icon.gif)  0 -298px no-repeat;
    padding-left:20px;}
#news_list ul li span{
    float:right;
    color:#F60;}
```

③ "热门产品"的标题图标采用了背景图片形式,也可以采用将一个图片直接插入的方式,但从用户体验的角度来讲,这类图片还是以背景图片插入为好,因为背景图片是在整个页面加载过程中最后加载的。产品图片采用 ul 无序列表进行定义,然后设置左浮动,控制好宽度即可。对应的结构代码如下:

```html
<div id="index_pic">
    <h2><span></span></h2>
    <ul>
        <li><a href="#"><img  src="images/pic4.gif" />产品名称</a></li>
        <li><a href="#"><img  src="images/pic4.gif" />产品名称</a></li>
        <li><a href="#"><img  src="images/pic4.gif" />产品名称</a></li>
        <li><a href="#"><img  src="images/pic4.gif" />产品名称</a></li>
        <li><a href="#"><img  src="images/pic4.gif" />产品名称</a></li>
        <li><a href="#"><img  src="images/pic4.gif" />产品名称</a></li>
        <li><a href="#"><img  src="images/pic4.gif" />产品名称</a></li>
        <li><a href="#"><img  src="images/pic4.gif" />产品名称</a></li>
        <li><a href="#"><img  src="images/pic4.gif" />产品名称</a></li>
        <li><a href="#"><img  src="images/pic4.gif" />产品名称</a></li>
    </ul>
</div>
```

④ 定义"热门产品"CSS 样式。

```css
/*热门产品*/
#index_pic{
    width:667px;
    border:1px #ccc solid;
    height:290px;
    margin-top:5px;}
#index_pic h2{
    height:28px;
```

```css
    background:url(../images/box_tit_bg.gif) repeat-x;
    border-bottom:1px #ccc solid;}
#index_pic h2 span{
    background:url(../images/rmcp.gif) 4px 5px no-repeat;/*left top*/
    height:22px;
    display:block;
    }
#index_pic ul li{
    float:left;
    width:107px;
    margin:15px 0 0 22px;
    text-align:center;}
#index_pic ul li img{
    margin-bottom:5px;}
```

⑤ 主体部分只剩下"企业历史"对应的两个区块了，这两块也应用左右浮动的方式实现。企业历史上半部分应用 dl 结构设计，下半部分应用 ul 结构设计。具体结构代码如下：

```html
<div id="index_bottom">
    <div class="box box_left">
        <h2><a href="#" class="more">更多...</a><span>企业历史</span></h2>
        <div class="box_con">
          <dl>
            <dt><img src="images/pic5.gif" /></dt>
            <dd><a href="#">多角度对比 苹果 iPod 系列真机</a> 导言:北京时间 9 月 2 日凌晨 1 点苹果在旧金山举行新品发布会,数码特派记者在美国现场直播...</dd>
          </dl>
          <ul>
            <li><a href="#">纯 CSS 实现三列 DIV 等高布局</a></li>
            <li><a href="#">HTML 元素的 ID 和 Name 属性的区别</a></li>
            <li><a href="#">完美兼容 ie6,ie7,ie8 以及 firefox 的 css 透明滤镜</a></li>
            <li><a href="#">DIV+CSS 实现放大镜效果的分页样式</a></li>
            <li><a href="#">javascript 为 FF 设置首页</a></li>
            <li><a href="#">复制到系统剪贴板之 IE,ff 兼容版</a></li>
            <li><a href="#">javascript 为 FF 设置首页</a></li>
          </ul>
        </div>
    </div>
    <div class="box box_right">
        <h2><a href="#" class="more">更多...</a><span>企业历史</span></h2>
```

```html
        <div class="box_con">
            <dl>
                <dt><img src="images/pic5.gif" /></dt>
                <dd><a href="#">多角度对比 苹果 iPod 系列真机</a> 导言:北京时间 9 月 2 日凌晨 1 点苹果在旧金山举行新品发布会,数码特派记者在美国现场直播... </dd>
            </dl>
            <ul>
                <li><a href="#">纯 CSS 实现三列 DIV 等高布局</a></li>
                <li><a href="#">HTML 元素的 ID 和 Name 属性的区别</a></li>
                <li><a href="#">完美兼容 ie6,ie7,ie8 以及 firefox 的 css 透明滤镜</a></li>
                <li><a href="#">DIV+CSS 实现放大镜效果的分页样式</a></li>
                <li><a href="#">javascript 为 FF 设置首页</a></li>
                <li><a href="#">复制到系统剪贴板之 IE,ff 兼容版</a></li>
                <li><a href="#">javascript 为 FF 设置首页</a></li>
            </ul>
        </div>
    </div>
</div>
```

⑥ 定义"企业历史"CSS 样式。

```css
/*企业历史*/
#index_bottom{
    margin-top:5px;
    }
.box{
    width:328px;
    border:1px #ccc solid;
    }
.box h2{
    background:url(../images/box_tit_bg.gif) repeat-x;
    border-bottom:1px #ccc solid;
    height:23px;
    padding:5px 10px 0 10px;}
.box h2 a.more{
    float:right;
    font-size:12px;
    color:#F93;
    background:url(../images/icon.gif) 0 -47px no-repeat;
    padding-left:15px;
```

```css
}
.box h2 a.more:hover{
    color:#F60;
    background:url(../images/icon.gif) 0 -97px no-repeat;
}
.box h2 span{
    font-size:14px;
    color:#333;
    letter-spacing:1px;
    background:url(../images/icon.gif) 0 -2px no-repeat;
    padding-left:15px;
}
.box_left{
    float:left;}
.box_right{
    float:right;}
.box .box_con{
    padding:15px;}
.box_con dl{
    height:74px;
    line-height:18px;
    }
.box_con dl dt img{
    float:left;
    border:1px #ccc solid;
    padding:1px;
    }
.box_con dl dd{
    float:right;
    width:190px;}
.box_con dl dd a{
    color:#069;
    font-weight:bold;
    display:block;}
.box_con dl dd a:hover{
    color: #06F;}
.box_con ul{
    margin-top:8px;}
.box_con ul li{
```

```
line-height:22px;
background: url(../images/icon.gif) 0 -299px no-repeat;
padding-left:20px;}
```

**步骤 5**：页脚设计

① 底部页脚部分比较简单，灰色背景部分可以用 h 类标签完成，也可以用 dl、dt、dd 来完成，当然，其他标签也可以，这里应用 dl 完成。具体结构代码如下：

```html
<div id="footer">
    <dl>
        <dt><a href="#">关于我们</a>  ||  <a href="#">产品目录</a> ||  <a href="#">联系我们</a>  ||  <a href="#">友情链接</a>  ||  <a href="#">反馈问题</a>  ||  <a href="#">广告合作</a></dt>
        <dd>Copyright &copy; 2017 wangdan.cn All Right Reserved <br />
            ×××科技有限公司 版权所有 辽ICP备×××××</dd>
    </dl>
</div>
```

② 定义页脚 CSS 样式。

```css
#footer {
    width:900px;
    margin:5px auto 0;
    text-align:center;
    height:80px;
}
#footer dl dt {
    background:#AAA;
    height:28px;
    line-height:28px;
    font-size:14px;
    color:#fff;
}
#footer dl dt a {
    color:#fff;
}
#footer dl dt a:hover {
    color:#F00;
}
#footer dl dd {
    line-height:20px;
}
```

底部页脚完成后，最后要做一些细节调整，例如有些内容是否对齐、图片的 alt 属性是否添加、不同浏览器是否兼容等。至此，整个前端页面制作完成，接下来就需要利用程序读取数据库中的内容，来完成整个站点的制作。

浏览器兼容问题一直是令 Web 设计人员苦恼的地方，其实，只要掌握了几个常用浏览器的特性，不需要过多的 css hack 就可以解决问题。在实际开发过程中，有时为了解决兼容问题而写固定高度，其实就是因为各浏览器之间解释差异，为了使显示效果尽可能一样而采用的折中办法。总之，必须遵循一点：css hack 能少用尽量少用，这样便于以后维护。

## 四、核心技能与知识

### 1. Web 标准概述

Web 标准不是某一个标准，而是一系列标准的集合。网页主要由三部分组成：结构（Structure）、表现（Presentation）和行为（Behavior），如图 3-20 所示。

图 3-20　Web 标准组成

对应的标准也分为三方面：结构化标准语言，主要包括 HTML、XHTML 和 XML；表现标准语言，主要包括 CSS；行为标准，主要包括对象模型（如 DOM）、JavaScript 等。这些标准大部分由 W3C（万维网联盟）起草和发布，也有一些是其他标准组织制定的标准，比如 ECMA（European Computer Manufacturers Association）的 ECMAScript 标准。

为了理解内容和表现的分离，必须弄清楚内容、结构、表现和行为四个重要概念。

（1）内容

内容就是网页实际要传达的真正信息，包括文本、图片、音乐、视频、数据、文档等。其中不包括修饰的图片、背景音乐等。注意，这里强调的"真正"，是指纯粹的数据信息本身。不包含辅助的信息，如导航菜单、装饰性图片等。图 3-21 所示的一段文本是页面要表现的信息。

> 生查子·元夕 欧阳修 去年元夜时①，花市灯如昼②。月到柳梢头，人约黄昏后。今年元夜时，月与灯依旧。不见去年人，泪满春衫袖。注释①元夜：正月十五为元宵节。这夜称为元夜、元夕。②花市：繁华的街市。赏析 这是首相思词，写去年与情人相会的甜蜜与今日不见情人的痛苦，明白如话，饶有韵味。词的上阕写"去年元夜"的事情，花市的灯像白天一样亮，不但是观灯赏月的好时节，也给恋爱的青年男女以良好的时机，在灯火阑珊处秘密相会。"月到柳梢头，人约黄昏后"二句言有尽而意无穷。柔情密意溢于言表。下阕写"今年元夜"的情景。"月与灯依旧"，虽然只举月与灯，实际应包括二三句的花和柳，是说闹市佳节良宵与去年一样，景物依旧。下一句"不见去年人""泪满春衫袖"，表情极明显，一个"满"字，将物是人非，旧情难续的感伤表现得淋漓尽致。

图 3-21　页面内容

**提示**：页面的内容只包含所要传达的基本信息，不包含任何修饰的成分，也不包含任何布局和排版的部分。

（2）结构（Structure）

在图 3-21 中已经完全包括了页面所有要传达的信息，但是这些信息简单地罗列在一起，难以阅读和理解，内容的信息也不能很清晰地传达给阅读者。将如图 3-21 所示的页面内容进行格式化，分成文章标题、作者、文章内容、段落、段落标题、段落内容、列表等各个部分，如图 3-22 所示。

```
<文章标题>  生查子·元夕
<作者>  欧阳修
<文章内容>  去年元夜时①，花市灯如昼②。月到柳梢头，人约黄昏后。今年元夜
时，月与灯依旧。不见去年人，泪满春衫袖。
<段落1标题>  注释
<段落1内容列表>  ①元夜：正月十五为元宵节。这夜称为元夜、元夕。②花市：繁
华的街市。
<段落2标题>  赏析
<段落2内容>  这是首相思词，写去年与情人相会的甜蜜与今日不见情人的痛苦，明
白如话，饶有韵味。词的上阕写"去年元夜"的事情，花市的灯像白天一样亮，不但
是观灯赏月的好时节，也给恋爱的青年男女以良好的时机，在灯火阑珊处秘密相会。
"月到柳梢头，人约黄昏后"二句言有尽而意无穷。柔情密意溢于言表。下阕写"今
年元夜"的情景。"月与灯依旧"，虽然只举月与灯，实际应包括二三句的花和柳，
是说闹市佳节良宵与去年一样，景物依旧。下一句"不见去年人""泪满春衫袖"，
表情极明显，一个"满"字，将物是人非，旧情难续的感伤表现得淋漓尽致。
```

图 3-22  页面结构

在图 3-22 中，用来标记内容各个部分的"文章标题""作者""文章内容""段落"等标签就是页面的结构。页面结构说明了内容各个部分之间的逻辑关系，使内容更便于理解。

（3）表现（Presentation）

虽然定义了结构，但是页面内容的外观并没有改变。"文章标题""作者""文章内容"等各个部分仍然是一样的字体，一样的颜色，并且内容还依然是简单地罗列在一起。要让阅读者能更好地阅读页面内容，就需要设置内容部分的字体样式、对齐方式、背景修饰等，所有这些外观的效果就称为"表现"。加入表现后的内容如图 3-23 所示。

图 3-23  页面表现

从图 3-23 可以看出,页面内容增加了背景,标题部分的文字进行了加粗,并且合理地排列了各部分内容的位置。经过表现处理后的页面更加美观和便于阅读。

(4) 行为(Behavior)

行为是对内容的交互及操作的效果,例如大家熟悉的 JavaScript 脚本。表现行为的 Web 标准主要有 DOM(Document Object Model,文档对象模型)和 JavaScript 两类。

其实,在一个网页中,同样可以分为若干个组成部分,包括各级标题、正文段落、各种列表结构等,这就构成了一个网页的"结构"。每种组成部分的字号、字体和颜色等属性就构成了它的"表现"。网页和传统媒体不同的一点是,它是可以随时变化的,并且可以和访问者互动,因此,如何变化及如何交互,就称为它的"行为"。

概括来说,"结构"决定了网页"是什么","表现"决定了网页看起来是"什么样子",而"行为"决定了网页"做什么"。"结构""表现"和"行为"分别对应于 3 种常用的技术,即(X)HTML、CSS 和 JavaScript。也就是说,(X)HTML 用来决定网页的结构和内容,CSS 用来设定网页的表现形式,JavaScript 用来控制网页的行为。

2. XHTML 基本语法

XML 最初设计的目的是弥补 HTML 的不足,以强大的扩展性满足网络信息发布的需要,后来逐渐用于网络数据的转换和描述。

虽然 XML 数据转换能力强大,完全可以替代 HTML,但面对成千上万已有的站点,直接采用 XML 还为时过早。因此,在 HTML 4.0 的基础上,用 XML 的规则对其进行扩展,得到了 XHTML(Extensible HyperText Markup Language,可扩展超文本标记语言)。简单地说,建立 XHTML 的目的就是实现 HTML 向 XML 的过渡。

在使用 XHTML 时,需严格遵循其语法规则:

(1) 所有的标签都必须有一个相应的结束标记

XHTML 要求有严谨的结构,所有标签必须关闭。如果是单独不成对的标签,在标签最后加一个"/"来关闭它。例如:

```
<br />
<img height="80" alt="主要产品 " src="images/logo.gif" width="200" />
```

(2) 所有标签的元素和属性的名字都必须使用小写

XHTML 对大小写是敏感的,<title>和<TITLE>是不同的标签。XHTML 要求所有的标签和属性的名字都必须使用小写。例如,<BODY>必须写成<body>。

(3) 所有的 XHTML 标记都必须合理嵌套

同样因为 XHTML 要求有严谨的结构,因此所有的嵌套都必须按顺序,例如,<p><b></b></p>不可以写成<p><b></p>/b>,即一层一层的嵌套必须是严格对称的。

(4) 所有的属性必须用引号括起来

在 XHTML 中,它们必须被加引号。例如,<height=80>必须修改为<height="80">。

(5) 把所有<和&等特殊符号用编码表示

小于号(<)不是标签的一部分,必须被编码为&lt;

大于号(>)不是标签的一部分,必须被编码为&gt;

与号(&)不是实体的一部分,必须被编码为&amp;

注:以上字符之间无空格。

（6）给所有属性赋一个值

XHTML 规定所有属性都必须有一个值，没有值的就重复本身。例如单选按钮的 checked 属性和<option>的 selected 属性不允许使用简写，必须写完整：checked="checked"，selected="selected"。

（7）不要在注释内容中使用"--"

"--"只能用在 XHTML 注释的开头和结束，也就是说，在内容中它们不再有效。例如下面的代码是无效的。

```
<!--这里是注释-----------这里是注释-->
```

用等号或者空格替换内部的虚线。

```
<!--这里是注释===========这里是注释-->
```

3. 常用的 XHTML 标签

① <ul>用来定义无序列表，<li>用来定义列表项目，主要标签结构如下表示：

```
<ul>
    <li>列表项 1</li>
    <li>列表项 2</li>
    <li>列表项 3</li>
</ul>
```

效果如图 3-24 所示。

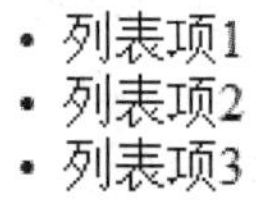

- 列表项1
- 列表项2
- 列表项3

图 3-24　无序列表效果

② <dl>用来定义普通列表（没有默认样式，如列表符号），<dt>用来定义列表标题，<dd>用来定义列表项目，主要标签结构如下表示：

```
<dl>
    <dt>我们在做列表标题</dt>
    <dd>我们在做列表项 1</dd>
    <dd>我们在做列表项 2</dd>
    <dd>我们在做列表项 3</dd>
    <dd>我们在做列表项 4</dd>
</dl>
```

效果如图 3-25 所示。

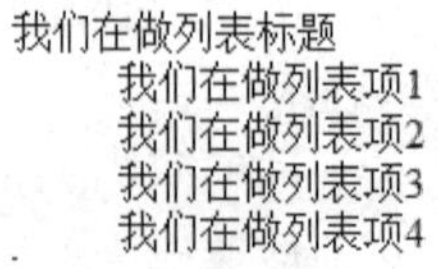

我们在做列表标题
　我们在做列表项1
　我们在做列表项2
　我们在做列表项3
　我们在做列表项4

图 3-25　普通列表效果

③ 超链接标签<a>。

```
<a href="#" target="_blank"></a>
```

其中属性 href 用来设置超链接目标地址，属性 target 用来设置目标窗口位置。"#"代表空链接。target 属性取值主要包含：

- _blank：表示在新的窗口打开链接页面内容。
- _self：表示在当前窗口中打开链接页面内容，其默认为属性值。

在设置不同类型的超链接时，必须注意路径的使用问题，若使用不当，会造成链接无效。路径主要包含相对路径、绝对路径和相对于根目录路径。

- 相对路径：直接文件夹名或是以../开头的路径写法，表示为相对路径。../表示返回上一级，../../向上返回两级。例如，images/pic4.gif，../images/nav_bg.gif。
- 绝对路径：以 http://加域名开始的，为绝对路径。例如，http://www.163.com。
- 相对于根目录路径：它的写法必须以/开始，意思是从根目录开始一级一级向下查找。不管在哪里，要使用 pic4.gif 这个图片，路径都必须是/images/pic4.gif。

④ 标题标签。

<h1>~<h6> 标签可定义标题。<h1> 定义最大的标题，<h6> 定义最小的标题。使用方法如下：

```
<h1>这是标题 1</h1>
<h2>这是标题 2</h2>
<h3>这是标题 3</h3>
<h4>这是标题 4</h4>
<h5>这是标题 5</h5>
<h6>这是标题 6</h6>
```

4. CSS 基本语法

CSS 的语法结构仅由三部分组成：选择器（Selector）、属性（property）和值（value），如图 3-26 所示。使用方法为：

```
selector {Property:value;}
```

图 3-26　CSS 语法结构举例

在实际应用中，往往使用以下类似的应用形式：

（1）标签选择器

例如：

```
h1{
    color: red;
```

```
    font-size: 25px;
}
```

其中，h1{}便是一种标签选择器。所谓标签选择器，是指以网页中已有的标签类型作为名称的选择器，h1 是网页中的一个标签类型，div 也是，span 也是。因此 h1{}、div{}、span{} 等选择器都是标签选择器，它们将控制页面中所有的 h1 或 div 或 span。

（2）类别选择器

在 CSS 中，类别选择器使用"."开头进行标识，例如：

```
.red{
    color:red;          /* 红色 */
    font-size:18px;     /* 文字大小 */
}
```

在页面中，用 class="类别名"的方法调用：

`<span class="red">第一个网页</span>`

但与 id 选择器不同的是，class 可以重复使用。例如&lt;div class = "p1"&gt;&lt;/div&gt;和&lt;h1 class = "p1"&gt;，使用相同的 class 属性样式 p1。

（3）id 选择器

DIV+CSS 布局主要用 div 块来实现，而 div 的样式通过"id 选择器"来定义。例如首先定义一个块：

`<div id="main"></div>`

然后在样式表里这样定义：

`#main {margin: 0 auto; width:1000px;}`

其中"main"是自己定义的 id 名称。注意在前面加"#"号。

（4）并列选择器

除了对单个 XHTML 进行样式指定外，同样可以对一组对象进行相同的样式指派，这样可以减少样式的重复定义。例如：

`h1,h2,h3,p,span{font-size:12px; font-family:arial;}`

使用逗号","对选择符进行分隔，使得页面中所有的 h1、h2、h3、p、span 都将具有相同的样式定义。这样做的好处是，对于页面中需要使用相同样式的地方，只需要书写一次样式表即可实现，减少代码量，改善 CSS 代码的结构。

**提示**：如果需要对一个选择符指定多个属性，则在属性之间要用分号加以分隔。为了提高代码的可读性，最好进行分行写。

（5）后代选择器

`h1 span{font-weight:bold;}`

后代选择器体现的是包含关系，指选择器组合中前一个对象包含后一个对象。对象之间使用"空格"作为个分隔符。例如，代码如下：

`<h1>这是我们的一段文本<span>这是 span 内的文本</span></h1>`

`<h1>单独的 h1</h1>`

`<span>单独的 span</span>`

h1 标签之下的 span 标签将被应用 font-weight:bold 的样式设置。注意，仅仅对有此结构的标签有效，对于单独存在的 h1 或单独存在的 span 及其他非 h1 标签下属的 span，均不会应用此样式。

这样做能够帮助避免过多的 id 及 class 的设置，包含选择符除了可以二者包含，也可以多级包含，如以下选择器样式同样能够起作用。

```
body div h1 span{ font-weight:bold;}
```

（6）标签指定选择器

如果既想使用 id 或 class，也想同时使用标签选择器，可以使用如下格式：

h1#content{}，表示针对所有 id 为 content 的 h1 标签。

h1.p1{}，表示针对所有 class 为 p1 的 h1 标签。

（7）组合选择器

对于所有 CSS 选择器而言，无论是什么样的选择器，都可以进行组合使用。例如：

h1.p1{}，表示 h1 标签下的所有 class 为 p1 的标签。

#content h1{}，表示 id 为 content 的标签下的所有 h1 标签。

h1.p1,#content h1{}，以上两种进行群组选择。

h1#content h2{}，id 为 content 的 h1 标签下的 h2 标签。

（8）通配选择器

该选择器用于改变页面上所有元素的样式。例如：

```
*{}
```

```
*{padding:20px}
```

（9）伪类及伪对象

伪类及伪对象是一种特殊的类和对象，其由 CSS 自动支持，属于 CSS 的一种扩展类型和对象，名称不能被用户自定义，使用时只能按照标准格式进行应用。CSS 中用四个伪类来定义链接的样式，分别是 a:link、a:visited、a:hover 和 a:active，含义分别为：

① a:link，设定正常状态下链接文字的样式。

② a:visited，设定访问过的链接的外观。

③ a:hover，设定鼠标放置在链接文字之上时文字的外观。

④ a:active，设定鼠标单击时链接的外观。

提示：为了确保每次鼠标经过文本时的效果都相同，在定义样式时一定要按照 a:link、a:visited、a:hover、a:active 的顺序（LVHA）书写，否则显示可能和预想的不一样。

5. 应用 CSS

加载 CSS 样式有以下四种方法：

① 外部样式；

② 内部样式；

③ 行内样式；

④ 导入样式。

（1）外部样式

```
<link href="layout.css" rel="stylesheet" type="text/css" />
```

这种形式是把 CSS 单独写到一个 CSS 文件内，然后在源代码中以 link 方式链接。它的好处是不但本页可以调用，其他页面也可以调用，是最常用的一种形式。

（2）内部样式

```
<style type="text/css">
h2 { color:#f00;}
</style>
```

这种形式是内部样式表，它介于<style>和</style>标签中间，并写在源代码的 head 标签内。这样的样式表只针对本页有效，不能用于其他页面。

（3）行内样式

```
<p style="font-size:18px;">内部样式</p>
```

这种在标签内以 style 标记的为行内样式，行内样式只针对标签内的元素有效，因其没有和内容相分离，所以不建议使用。

（4）导入样式

```
@import url("/css/global.css");
```

链接样式是以@import url 标记所链接的外部样式表，它一般常用在另一个样式表内部。如 main.css 为主页所用样式，那么可以把全局都需要用的公共样式放到一个 global.css 的文件中，然后在 layout.css 中以@import url（"/css/global.css"）的形式链接全局样式，这样就使代码达到很好的重用性。

6. CSS 盒子模型

DIV+CSS 布局与传统表格（TABLE）布局最大的区别在于：传统的表格布局是通过大小不一的表格和表格嵌套来定位排版网页内容的，而 DIV+CSS 布局是通过由 CSS 定义的大小不一的盒子和盒子嵌套来编排网页的，采用层（div）来定位，通过层的 margin、padding、border 等属性来控制版块的间距。这种排版方式的网页代码简洁，表现和内容相分离，维护方便，能兼容更多的浏览器。

那么它为什么叫盒子呢？先说说在网页设计中常见的属性名：内容（content）、填充（padding）、边框（border）、边界（margin），CSS 盒子模式都具备这些属性。对应关系如图 3-27 所示。

为了进一步理解 CSS 盒子模型，可以把它想象成现实中上方开口的盒子，然后从正上方往下俯视，边框相当于盒子的厚度，内容相对于盒子中所装物体的空间，而填充相当于为了防震而在盒子内填充的泡沫，边界相当于在这个盒子周围留出的一定的空间。

整个盒子模型在页面中所占的宽度是由左边界+左边框+左填充+内容+右填充+右边框+右边界组成的，而 CSS 样式中，width 所定义的宽度仅仅是内容部分的宽度，定义时需要注意。这里的边界也称为外边距、外补白，填充也叫内边距、内补白。

注意：设置具有一定数值的 margin 和 padding 属性值，需要按照顺时针的顺序设置每条边的数值，即"上、右、下、左"，例如，padding:10px 5px 2px 10px，其表示将添加 10 px 的上内补白，5 px 的右内补白，2 px 的下内补白，10 px 的左内补白。

若上部和下部的数值相同，左、右的数值也相同，可以缩写成 padding:10px 5px;，其表示将添加 10 px 的上、下内补白，5 px 的左、右内补白。

若上部和下部及左、右的数值都相同，则写成 padding:10px;，表示将在上部、下部及左、右均添加 10 px 的内补白。

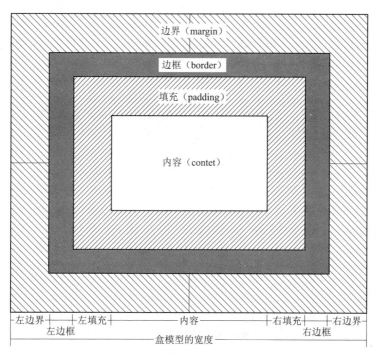

图 3-27 CSS 盒子模型

常见的盒子属性设置样例：

```
margin:20px 10px 5px 0; /*上 右 下 左*/
margin:20px 10px 5px; /*上 左右 下 */
margin:20px 10px; /*上下 左右 */
margin:20px; /*上下左右*/
margin:20px 0 0 0; /*等价于 margin-top:20px */
```

### 7. 标准文档流

标准流，是指在不使用其他与排列和定位相关的特殊 CSS 规则时，各种元素的排列规则。在标准流中，一个块级元素在水平方向会自动伸展，直到包含它的元素的边界；而在垂直方向上和兄弟元素依次排列，不能并排。

在 HTML 元素中，标准流主要分类两类：

（1）块级元素

块级元素的默认 display 属性值为"block"，称为 "块级元素"。它们总是以一个块的形式表现出来，并且独立占一行，和其他的兄弟块依次竖直排列，左右撑满。

块级元素可以设定元素的宽（width）和高（height），一般是其他元素的容器，可容纳块级元素和行内元素。常见的块级元素有 div、p、h1~h6、ul、li、dl、input 等。

（2）行内元素

行内元素的默认 display 属性值为"inline"，称为"行内元素"。它不可以设置宽（width）和高（height），与其他行内元素位于同一行，行内元素内一般不可以包含块级元素。行内元素的高度一般由元素内部的字体大小决定，宽度由内容的长度控制。常见的行内元素有 a、span、strong 等。

根据 CSS 规范的规定，每一个网页元素都有一个 display 属性，用于确定该元素的类型，每一个元素都有默认的 display 属性值，可以通过设置 display 属性值使块级元素与行内元素相互转换。

8. CSS 定位与浮动

（1）定位属性

定位属性（position）用于定义一个元素的 absolute（绝对）、relative（相对）、static（静态）或者 fixed（固定）属性。定位属性 position 的语法如下：

```
position:static|absolute|fixed|relative
```

① position:relative;，如果对一个元素进行相对定位，首先它将出现在它所在的位置上。然后通过设置垂直或水平位置，让这个元素"相对于"它的原始起点进行移动。另外，相对定位时，无论是否进行移动，元素仍然占据原来的空间。因此，移动元素会导致它覆盖其他框。

② position:absolute;，表示绝对定位，将从浏览器左上角开始计算。绝对定位使元素脱离文档流，因此不占据空间。普通文档流中元素的布局就像绝对定位的元素不存在时一样。因为绝对定位的框与文档流无关，所以它们可以覆盖页面上的其他元素并可以通过 z-index 来控制它层级次序。z-index 的值越高，它显示的越在上层。通过设置 top、right、bottom 和 left 的值，可以使绝对定位的元素放置到任何地方。

注意：当父容器使用相对定位，子元素使用绝对定位后，子元素的位置不再相对于浏览器左上角，而是相对于父窗口左上角。

（2）浮动属性

div 是块级元素，在页面中独占一行，自上而下排列，即通常所说的流，如图 3-28 所示，可以看出，即使 div1 的宽度很小，页面中一行可以容下 div1 和 div2，div2 也不会排在 div1 右侧，这是因为 div 元素是独占一行的。若要实现在一行显示多个 div 元素，显然标准流已经无法满足需求，这就要用到浮动。浮动可以理解为让某个 div 元素脱离标准流，漂浮在标准流之上，和标准流不是一个层次。

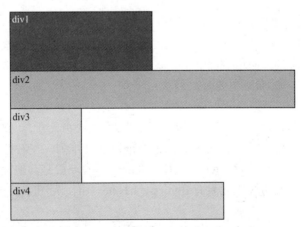

图 3-28  div 标准流

CSS 的 float（浮动），会使元素向左或向右移动，其周围的元素也会重新排列。

浮动属性（float）是 CSS 布局中非常重要的一个属性，默认为 none，也就是标准流通常的页面，如果将 float 属性值设置为 left 或 right，元素就会向其父元素的左侧或向右靠近，同时，在默认情况下，盒子的宽度不再伸展，而是收缩，根据盒子里面的内容的宽度来确定。其具体语法如下：

```
float:none | left | right
```

该属性的值指出了对象是否浮动及如何浮动。float 使用 none 值时，表示对象不浮动；而使用 left 时，对象将向左浮动；使用 right 时，对象将向右浮动。

浮动的框可以向左或向右移动，直到它的外边缘碰到包含框或另一个浮动框的边框为止。由于浮动框不在文档的标准流中，所以表现得就像浮动框不存在一样。

下面是几种常见的浮动情况。

情况 1：如图 3-29 所示，当把框 1 向右浮动时，它脱离文档流并且向右移动，直到它的右边缘碰到包含框的右边缘。

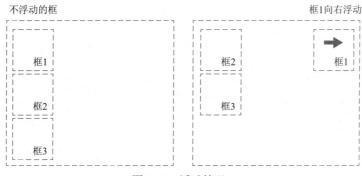

图 3-29　浮动情况 1

情况 2：如图 3-30 所示，当框 1 向左浮动时，它脱离文档流并且向左移动，直到它的左边缘碰到包含框的左边缘。因为它不再处于文档流中，所以它不占据空间，实际上覆盖住了框 2，使框 2 从视图中消失。

如果把所有三个框都向左移动，那么框 1 向左浮动直到碰到包含框，另外两个框向左浮动，直到碰到前一个浮动框。

图 3-30　浮动情况 2

情况 3：如图 3-31 所示，如果包含框太窄，无法容纳水平排列的三个浮动元素，那么其他浮动块向下移动，直到有足够的空间。如果浮动元素的高度不同，那么，当它们向下移动时，可能被其他浮动元素"卡住"。

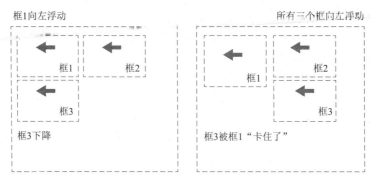

图 3-31 浮动情况 3

例如：

```
#divtest1 {
    height: 200px;
    width:200px;
    background-color: #ff0000;
    float: left;
}
#divtest2 {
    background-color: #ffff00;
    width: 300px;
    height: 18px;
    float: left;
}
```

元素 divtest1 向左浮动，而元素 divtest2 也要向左浮动，即流到第一个 div 对象 divtest1 的右侧，如图 3-32 所示。

图 3-32 浮动属性效果预览

浮动是一种非常先进的布局方式，能够改变页面中对象的前后流动顺序。在 CSS 中，包括 DIV 在内的任何元素都可以以浮动的方式进行显示。这样做的优点是使得内容的排版变得非常简单，而且具有良好的伸缩性。

如果不希望下一个元素环绕浮动对象，可以使用 clear（清除）属性。"clear:left" 将清除左边元素，"clear:right" 将清除右边元素，而 "clear:both" 会同时清除左边和右边元素。

当然，定位和浮动属性除了应用于页面中块的布局，也可以用于块内的任何元素，结合定位、浮动、边界、补白和边框属性，可以设计任何版式。

9．常见布局结构

（1）两列固定宽度居中

若要使一个 div 对象居中显示，在 CSS 代码中使用边界属性"margin:0px auto;"即可实现。在两分栏结构中，需要控制左分栏的左边界和右分栏的右边界相等。这时需要利用 div 的嵌套设计来完成。即使用一个 div 作为容器，将两列分栏的两个 div 放入容器中，从而能够实现两列居中显示。将两分栏的两个 div 放入一个 id 为 layout 的 div 布局对象中，网页的代码如下：

```html
<div id="layout">
<div id="left">left 左栏</div>
<div id="right">right 右栏</div>
</div>
```

上述 3 个 div 的 CSS 代码如下：

```css
#layout {
    width: 500px;
    margin:0 auto;
}
#left {
    float:left;
    height: 150px;
    width: 100px;
    border: 10px solid #CCFF00;
    background-color: #F2FAD1;
}
#right {
    float:left;
    height: 150px;
    width:360px;
    border: 10px solid #CCFF00;
    background-color: #FFFF00;
}
```

这里通过"margin:0 auto"设置"layout"的居中属性，从而使里面的内容也居中。根据盒模型理论，一个对象的实际宽度由对象的宽度、左右边界、左右边框、左右填充相加而成，所以"layout"的宽度设置为 500 px，即"100 px+360 px+20 px+20 px=500 px"。布局的预览效果如图 3-33 所示。

提示：由于 2 个 div 都设置了"float:left"属性，第 2 个 div 会紧紧贴着第 1 个 div 对象。

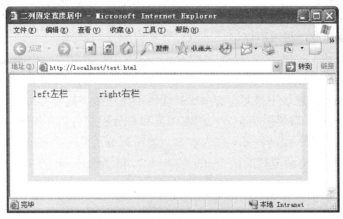

图 3-33　两列固定宽度效果预览

（2）三列式布局结构

① 左右固定宽度、中间宽度自适应。

三列式的布局是网页中常见的布局形式，如图 3-34 所示。采用浮动定位方式，可以很容易地实现多列固定宽度。以下是三列固定宽度的 CSS 代码：

```css
#left {
    float:left;
    height: 150px;
    width: 100px;
    border: 10px solid #CCFF00;
    background-color: #F2FAD1;
}
#center {
    float:left;
    border: 10px solid #22FF00;
    height:150px;
    width: 300px;
    background-color: #F2FAff;
}
#right {
    float:left;
    height: 150px;
    width:300px;
    border: 10px solid #CCFF00;
    background-color: #FFFF00;
}
```

上述布局的效果如图 3-34 所示。

项目模块三  网站首页面设计与制作

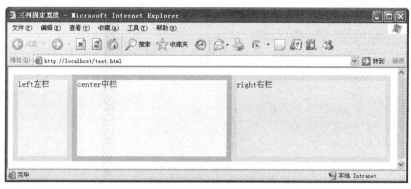

图 3-34  三列固定宽度布局预览效果

三列固定宽度布局在网站中应用比较普遍，通常作为内容分栏。由于三列固定宽度布局不能根据浏览器窗口大小自动适应，所以有很大的局限性。采用三列的自适应布局能够克服这个局限性。

采用三列自适应布局通常要求左栏固定宽度，并且居左显示，右栏固定宽度并且居右显示，中间栏可以自适应变化。要实现这种三列式布局，需要用到绝对定位。浮动定位方式是由浏览器根据对象的内容自动进行浮动方向的调整，而绝对定位是根据整个页面的位置进行重新定位。使用绝对定位之后的对象，不需要考虑它在页面中的浮动关系。因为使用了绝对定位后，对象就像一个图层一样漂浮在网页上。

下面是使用绝对定位将左栏和右栏的位置确定下来的示例，其 CSS 代码如下：

```css
#left {
    float:left;
    height:150px;
    width:100px;
    border:10px solid #CCFF00;
    background-color: #F2FAD1;
    position:absolute;
    left:0px;
    top:0px;
}
#right {
    float:right;
    height:150px;
    width:100px;
    border: 10px solid #CCFF00;
    background-color: #FFFF00;
    position:absolute;
    right:0px;
    top:0px;
}
```

然后设置中间栏的左边界和右边界，使它的左边界等于左栏的宽度，右边界等于右栏的宽度，从而可以使让出的宽度恰好显示左栏和右栏的宽度。

```
#center {
border: 10px solid #22FF00;
height:150px;
background-color:#F2FAff;
margin-right:120px;
margin-left:120px;
margin-top:0px;
}
```

为了达到最好的预览效果，定义 body 标签的边界和填充为 0 px，CSS 代码如下：

```
body{
margin:0px;
padding:0px;
}
```

最后的预览效果如图 3-35 所示。

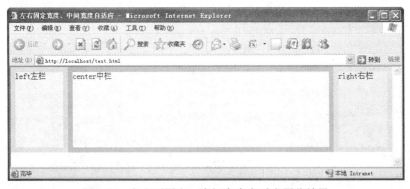

图 3-35　左右列固定、中间宽度自适应预览效果

② 顶行三列式布局。

顶行的三列式布局结构是顶行自动适应宽度，左右栏绝对定位，中间栏自适应宽度。这是常见的一种网页布局形式。

这里一共需要 4 个 div 标签，分别是顶行、左栏、中间栏和右栏，其 div 部分的代码如下：

```
<div id="top">top 顶行</div>
<div id="left">left 左栏</div>
<div id="center">center 中间栏</div>
<div id="right">right 右栏</div>
```

首先编写 top 的 CSS 代码如下：

```
#top {
height:100px;
border:10px solid #FFFF00;
```

```
background-color: #F2FAF0;
margin-top:0px;
margin-right:0px;
margin-left:0px;
}
```

  这里没有设置 top 中的 width 属性,从而可以实现宽度自适应。中间栏的设置与上例的相同,只是将 left 中的"top:0 px;"修改为"top:120 px;",使用同样的方法将 right 中的"top:0 px;"修改为"top:120 px;"。最后浏览效果如图 3-36 所示。

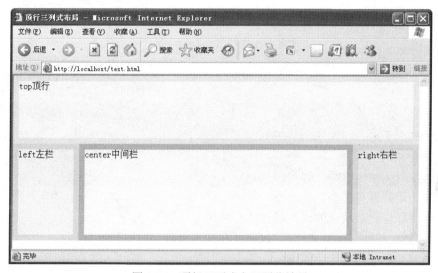

图 3-36 顶行三列式布局预览效果

10. CSS Sprite 技术

  网页加速的关键,不是降低质量,而是减少个数。传统切图讲究精细,图片规格越小越好,重量越小越好,其实规格大小无所谓,计算机统一按字节计算。客户端每显示一张图片,都会向服务器发送请求。所以,图片越多,请求次数越多,造成延迟的可能性也就越大。

  CSS Sprite 又称 CSS 精灵,是一种网页图片应用处理方式。它允许将一个页面涉及的所有零星图片都包含到一张大图中去,这样当访问该页面时,载入的图片就不会像以前那样一幅一幅地慢慢显示出来了,通过减少对服务器的请求次数,加快页面加载速度。

  CSS Sprite 其实就是把网页中的一些背景图片整合到一张图片文件中,再利用 CSS 的"background-image""background- repeat""background-position"组合进行背景定位,background-position 可以用数字精确地定位出背景图片的位置。在图片合并的时候,把多张图片有序、合理地合并成一张图片,需要留好足够的空间,防止版块内出现不必要的背景。在使用时,通过 Photoshop 软件或其他工具测量计算每一个背景单元图片的精确位置。

五、课后训练

1. 在 Web 开发中,应用 CSS 的核心目的是什么?
2. 写出下列 CSS 属性的简写形式。

（1）
```
#list1{
border-left-color:#0033FF;
border-left-style:dashed;
border-left-width:1px;
}
```
（2）
```
#list2{
margin-left:20px;
margin-bottom:10px;
margin-right:5px;
margin-top:0;}
```
（3）
```
#list3{
background-image:url(bg.jpg);
background-position:0 10px;
background-repeat:no-repeat;}
```

3. CSS 的选择器有哪些？
4. 如何清除块元素默认的浏览器样式？
5. 用户自定义的 class 类属性和 ID 属性在定义和使用时有什么区别？
6. 简述对 CSS 盒子模型的理解。
7. div 与 span 的在使用上有什么区别？请简要分析。

# 项目模块四

# 网站二级页面设计与制作

## 任务 二级页面的制作

### 一、任务导入

学生 A:"老师,首页面已经制作结束了,接下来将制作各个栏目页面,可是内容页面这么多,如果从头制作,每个页面需要花费很多时间,再说如果客户后期提出一些修改建议,那我们一页页地修改,就要崩溃了!"。

老师:"通常在一个网站中会有大量风格基本相似的页面,如果逐页创建、修改,既费时费力,效率也不高,整个站点中的网页也很难做到统一的外观和结构。建议你使用网站模板,批量地完成二级栏目页面的制作,这样就可以又快又好地按期完成网站制作,如后期需要调整页面,只需要修改模板文件即可,可以降低工作难度,节省大量时间。"

本任务将学习如何利用 Dreamweaver CS5 完成模板的创建和使用。

### 二、任务目标

1. 创建模板文件。
2. 插入可编辑区域。

二级页面的制作

### 三、任务实施

**步骤 1:创建模板**

打开站点首页文件 index.html,选择"文件"→"另存为模板"命令,将首页文件保存成模板文件 sub.dwt,如图 4-1 所示。

图 4-1 创建模板

**步骤 2:插入模板可编辑区域**

在模板文件 sub.dwt 中,将原有的 side 边栏和 content 主内容对应的 div 块删掉,将光标符定位到 main 标识的 div 块中，选择"插入"→"模板对象"→"可编辑区域"命令，如图 4-2 所示。

图 4-2　新建可编辑区域

**步骤 3：应用模板创建二级页面**

选择"文件"→"新建"命令，在弹出的"新建文档"对话框中选择"模板中的页"，创建新闻动态二级页面，如图 4-3 所示。

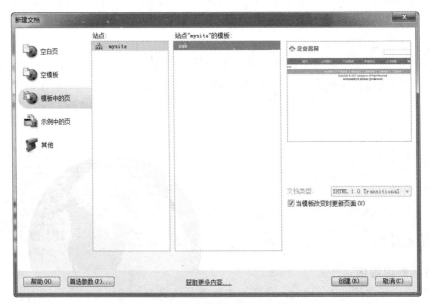

图 4-3　基于模板创建二级页面

创建完的新闻动态栏目主页面效果如图 4-4 所示，其包含头部、导航和页脚三个固定结构部分。

图 4-4　二级页面初建效果

在可编辑区域中可以添加相应的内容。新闻动态栏目主页面左侧边栏用来显示二级子栏目。左侧边栏结构代码如下：

```
<div id="side_left">
   <h1>新闻动态</h1>
    <ul>
      <li><a href="test.swf" target="con">公司新闻</a></li>
      <li><a href="wjzz.html" target="con">行业新闻</a></li>
      <li><a href="gov.html" target="con">政府新闻</a></li>
    </ul>
</div>
```

右侧内容显示区域通过<iframe>浮动帧标签制作完成。当左侧边栏栏目切换时，右侧<iframe>部分将显示对应的栏目内容。右侧内容显示区域结构代码如下：

```
<div id="sub_content">
<h2>
  <a href="../index.html">首页</a>>><a href="index.html">新闻动态</a>>>公司新闻
</h2>
<div id="iframe_con"><iframe name="con" frameborder="0" src="test.swf"></iframe>
   </div>
</div>
```

上述<h2>标签内定义的是面包屑导航，注意链接路径的设置。

**注意**：超链接目标窗口属性 target 需设置成右侧<iframe>标签的 name 属性值 con。

**步骤 4**：应用 CSS

```
#side_left{
    width:250px;
    border:1px #ccc solid;
    height:400px;
    float:left;
    }
#sub_content{
    width:640px;
    float:right;
    height:400px;
    border:1px #ccc solid;
    }
/*左侧边栏标题*/
#side_left h1{
    background:url(../images/box_tit_bg.gif) repeat-x;
    width:235px;
    height:28px;
    line-height:28px;
    color:#666;
```

```css
    font-size:16px;
    font-family:"微软雅黑";
    letter-spacing:1px;
    padding-left:10px;
    border-left:4px #036 solid;
    }
/*左侧边栏列表*/
#side_left ul li{
    line-height:34px;
    border-bottom:1px #fff solid;
    background:#F90;
    text-align:center;
    }
#side_left ul li a{
    display: block;
    color:#fff;
    font-size:14px;
    border-left:12px solid #999;
    }
#side_left ul li a:hover{
    border-left:12px solid #C30;
    background:#F60;
    b
    }
/*二级页右侧内容*/
#sub_content h2{
    background:url(../images/box_tit_bg.gif) repeat-x;
    height:28px;
    line-height:28px;
    color:#666;
    font-size:16px;
    border-bottom:1px solid #ccc;
    padding-left:8px;
    }
#sub_content h2 a{
    color:#F60;
    font-size:16px;
    }
#sub_content #iframe_con{
```

```
    padding:10px;
    }
#sub_content #iframe_con iframe{
    border:0;
    width:620px;
    height:350px;
    }
```

应用 CSS 样式后，边栏效果如图 4-5 所示。

### 四、核心技能与知识拓展

#### 1. 模板技术的应用

模板是一种特殊的网页文件，使用模板可以快速制作出风格相同或相似的页面。模板与基于该模板的网页文件之间保持了一种连接状态，它们之间共同的内容将保持完全一致。利用常规的网页制作手段，要在多个文档中包含相同的内容，不得不在每个文档中重复进行输入和编辑，网站制作效率低。如果利用模板，就可以帮助用户批量生成具有固定版式和内容的网页文档，能大大提高网站制作的效率。模板的功能还体现在能快速地更新多个页面，对于网站中所有使用模板的页面，当模板中的不可编辑区域发生变动时，这些页面就会随之更新，从而方便网站的管理。如果一个网站布局比较统一，比如，各页面具有相同的头部、导航、页脚，并且在不同栏目页中的位置基本保持不变，那么该网站就可以考虑使用模板来创建。

图 4-5　二级页面左侧边栏效果

模板由可编辑区域和不可编辑区域组成。不可编辑区域即固定区域，是制作页面时的公共部分，可编辑区域允许用户替换内容，让用户根据不同的页面要求输入不同的内容。

#### 2. 创建模板的方法

创建模板有两种方法：

① 将现有的网页另存为模板，选择"文件"→"另存为模板"命令，如图 4-6 所示，然后根据需要插入可编辑区域。

图 4-6　基于网页创建模板

② 直接新建一个空白模板，选择"文件"→"新建"命令，如图 4-7 所示，再在其中制作需要显示的文档公共部分内容，然后在各页面的私有部分插入可编辑区域。

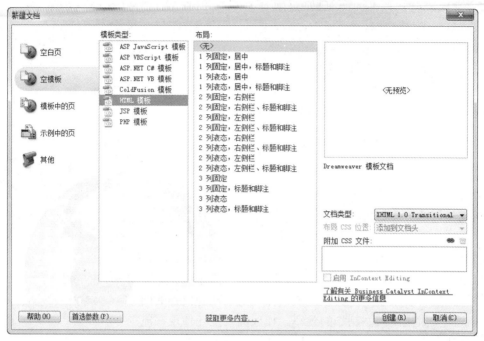

图 4-7　创建空白模板

模板实际上也是一种文档，扩展名为".dwt"，存放在站点的根目录"Templates"文件夹中。如果该"Templates"文件夹在站点中不存在，Dreamweaver 将在保存新建模板时自动将其创建。

3. 可编辑区域类型

文档另存为模板后，文档的大部分区域就被锁定，只有插入可编辑区域后，才能让用户添加或编辑内容。在创建模板时，可编辑区域和锁定区域都可以更改，但在基于模板的文档中，模板用户只能在可编辑区域中进行更改，不能修改锁定区域。

选择"插入"→"模板对象"→"可编辑区域"命令，可以实现模板文件中可编辑区域的创建。

目前，模板中主要有 3 种可编辑类型。

① 可编辑区域，是基于模板的文档中未锁定的区域，是用户可以编辑的模板部分。制作模板时，可以将任何区域指定为可编辑的。要使模板生效，其中至少包含一个可编辑区域，否则基于该模板的页面是不可编辑的。

② 重复区域，是文档布局的一部分。设置该部分可以使模板用户必要时在基于模板的文档中添加或删除重复区域的副本。例如，可以设置一个重复表格行。重复部分是可编辑的，这样模板用户可以编辑重复元素中的内容，而设计本身则由模板创作者控制。可以在模板中插入的有重复区域和重复表格两种。

③ 可选区域，是模板中放置内容（如文本或图像）的部分。该部分在文档中可以出现，也可以不出现。在基于模板的页面上，模板用户可以控制是否显示内容。

4. 模板的更新

更改并保存一个模板后,基于该模板的所有文档都将被更新,如图 4-8 所示。更新可分为手动更新和自动更新两种方式。

图 4-8　更新基于模板的页面

## 五、课后训练

1. 简述模板的作用。
2. 模板文件包含_____区域和_____区域。
3. 模板文件的扩展名是_____。

# 项目模块五
## 表单设计与制作

## 任务1 表单设计与制作

### 一、任务导入

表单在网页中主要负责数据采集，使网页具有交互功能，应用十分广泛。无论是提交搜索的信息，还是网上注册等，都需要使用表单。

企业网站想要收集客户的信息，并为不同客户设置不同的操作权限，就要在网站中创建用户注册与登录动态动能模块，而它以前端表单设计为基础。通过表单将数据提交给服务器端处理程序，最后将反馈结果返回到客户端。

在设计表单时，要充分考虑用户体验，无论是登录和注册表单，还是其他类型表单，目标都是要吸引用户的注意，让用户在其中填入信息。

本任务主要完成用户注册表单的创建，预览效果如图5-1所示。

图5-1 用户注册表单效果图

表单设计与制作

### 二、任务目标

1. 创建表单。
2. 创建表单域。
3. 表单修饰。

## 三、任务实施

### 步骤 1：利用 Table 完成表单布局

根据用户注册表单效果，在代码编辑器中输入表格标签，创建 13 行 2 列的表格，完成表单的初步布局效果。

```html
<table cellpadding="2" cellspacing="1" border="1">
    <tr>
        <td colspan="2" >用户注册</td>
    </tr>
    <tr>
      <td>用户名:</td>
      <td></td>
    </tr>
    <tr>
      <td>密码:</td>
      <td></td>
    </tr>
    <tr>
      <td>密码强度:</td>
      <td></td>
    </tr>
    <tr>
      <td>确认密码:</td>
      <td></td>
    </tr>
     <tr>
      <td>身份证:</td>
      <td></td>
    </tr>
    <tr>
      <td>性别:</td>
      <td></td>
    </tr>
     <tr>
      <td>出生地:</td>
      <td></td>
    </tr>
    <tr>
      <td>爱好:</td>
```

```html
            <td></td>
        </tr>
        <tr>
            <td>邮箱:</td>
            <td></td>
        </tr>
        <tr>
            <td>头像:</td>
            <td></td>
        </tr>
        <tr>
            <td>个人简介:</td>
            <td></td>
        </tr>
        <tr>
            <td colspan="2"> </td>
        </tr>
</table>
```

页面预览效果如图 5-2 所示。

| 用户注册 | |
| --- | --- |
| 用户名: | |
| 密码: | |
| 密码强度: | |
| 确认密码: | |
| 身份证: | |
| 性别: | |
| 出生地: | |
| 爱好: | |
| 邮箱: | |
| 头像: | |
| 个人简介: | |
| | |

图 5-2　表格布局初步效果

### 步骤 2：创建表单及表单域

根据用户注册表单效果图，创建表单并创建单行文本框、密码框、单选按钮、复选框、下拉选择框、文件选择框、多行文本框等。在代码编辑器中完成如下代码的编写。

```html
<form name="reg" method="post" action="reg.php" enctype="multipart/form-data">
    <table id="reg" cellspacing="1">
```

```html
    <tr>
      <td colspan="2" class="thead">用户注册</td>
    </tr>
    <tr>
      <td class="td_left"><strong>*</strong>用户名:</td>
      <label id="message">请输入用户名</label>
      <td class="td_right"><input type="text" name="username" class="txt_style" placeholder="请输入用户名" />
      <strong>(6-20个字符,由数字、字母、_和-组成)</strong></td>
    </tr>
    <tr>
      <td class="td_left"><strong>*</strong>密码:</td>
      <td class="td_right"><input type="password" name="password" class="txt_style" onkeyup="ps.update(this.value)"/>
      <strong>(6-20个字符,由数字、字母、_和-组成)</strong></td>
    </tr>
    <tr>
      <td class="td_left">密码强度:</td>
      <td class="td_right">
        <script language="javascript">
        var ps=new PasswordStrength();
        ps.setSize("200","20");
        ps.setMinLength(6);
        </script></td>
    </tr>
    <tr>
      <td class="td_left"><strong>*</strong>确认密码:</td>
      <td class="td_right"><input type="password" name="confirm_password" class="txt_style"/>
      </td>
    </tr>
    <tr>
      <td class="td_left"><strong>*</strong>身份证:</td>
      <td class="td_right"><input type="text" maxlength="18" class="txt_style" id="IDCard"/></td>
    </tr>
    <tr>
      <td class="td_left">性别:</td>
      <td class="td_right"><input type="radio" name="gender" value="男"
```

```html
checked="checked" id="boy"/>
         
        <label for="boy">男</label>
         
        <input type="radio" name="gender" value="女" id="girl"/>
         
        <label for="girl">女</label></td>
    </tr>
    <tr>
      <td class="td_left">出生地:</td>
      <td class="td_right">
      <select name="province" onchange="change_province(options.selectedIndex)">
          <option>-----省份------</option>
          <option value="辽宁">辽宁</option>
          <option value="河北">河北</option>
          <option value="黑龙江" >黑龙江</option>
      </select>
       
      <select name="city">
          <option>-----城市------</option>
      </select></td>
    </tr>
    <tr>
      <td class="td_left">爱好:</td>
      <td class="td_right"><input type="checkbox"  value="逛街" checked="checked"/>
         逛街  
        <input type="checkbox"  value="打游戏"/>
         打游戏  
        <input type="checkbox"  value="游泳" checked="checked"/>
         游泳  
        <input type="checkbox"  value="骑车"/>
         骑车    </td>
    </tr>
    <tr>
      <td class="td_left"><strong>*</strong>邮箱:</td>
      <td class="td_right"><input type="text" name="email" class="txt_style"/></td>
    </tr>
```

```html
<tr>
    <td class="td_left">头像:</td>
    <td class="td_right">
        <input type="file" class="file" />
    </td>
</tr>
<tr>
    <td class="td_left">个人简介:</td>
    <td class="td_right">
    <textarea cols="50" rows="3" >
    </textarea></td>
</tr>
<tr>
    <td colspan="2" class="thead">
    <input id="btn" type="image" src="../images/reg.png" onmouseover="this.src='../images/hover.png'" onmouseout="this.src='../images/reg.png'" onclick="return check();"/>
      
    <input type="reset" value="取消" id="btn_reset"/></td>
</tr>
</table>
</form>
```

上述代码中，单选按钮和复选框通过<label>标签实现文字和按钮关联绑定，提升用户体验。最终页面预览效果如图 5-3 所示。

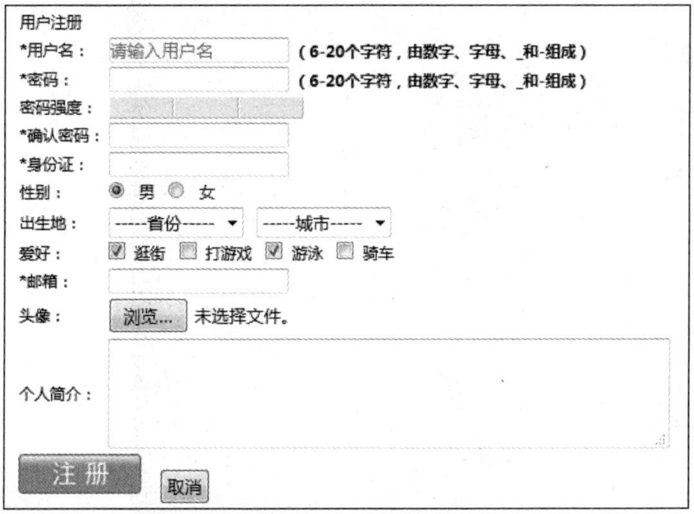

图 5-3  创建表单域

**步骤3：修饰表单**

从图5-3可以看出，通过表格布局后，表单未进行任何CSS样式修饰，表格边框呈默认立体效果，同时页面文字与对齐样式也需调整。

（1）制作细线表格

将当前表格背景颜色调整成最后边框颜色，表格属性cellspacing设置为1，表格边框设置为0，所有表格单元格背景颜色设置为白色。

在style目录中创建样式文件login.css，对应细线表格CSS样式如下所示：

```css
/*制作细线边框表格*/
#reg{
    border:0;
    background:#CCC;
    }
table#reg tr td{
    background:#FFF;
    }
```

**注意**：在HTML中，必须将<table>标签中的cellspacing属性值设置为1。

（2）文本及表单域样式设置

继续完善外部样式文件login.css，对应CSS样式如下所示：

```css
table#reg{
    width:900px;
    height:350px;
    border:0;
    background:#ccc;}
table#reg tr td{
    background:#fff;
    height:30px;
    }
table#reg tr td.thead{
    height:30px;
    text-align:center;
    font-size:16px;
    color:#F60;}
table#reg tr td.td_left{
    width:300px;
    text-align:right;
    font-size:14px;}
table#reg tr td.td_right{
    padding:5px 0 5px 8px;}
table#reg tr strong{
```

```
    color:#F00;
    }
#reg td.td_right input.txt_style{
    border:1px #ccc solid;
    width:150px;
    height:16px;
    padding:4px 2px;
    outline:none;
    }
table#reg #btn_reset{
    border:none;
    background:#F60;
    color:#fff;
    width:95px;
    height:30px;
    letter-spacing:3px;
    font-size:14px;
    cursor: pointer;
    }
table#reg input#btn{
    vertical-align:middle;
    }
```

样式分析：

text-align：用于设置文本的水平对齐方式，可以设置为 left、center、right。

outline（轮廓）：用于绘制于元素周围的一条线，位于边框边缘的外围，有突出元素的作用，但通常将按钮的 outline 属性设为 none，取消突出效果。

（3）调整文件上传控件的兼容性

由于文件上传控件在 FireFox 浏览器和 IE 浏览器中的显示效果不同，为了实现兼容效果，需要在 HTML 结构文件中添加并修改如下代码：

```
<tr>
        <td class="td_left">头像：</td>
        <td class="td_right">
        <div class="file_box">
        <input type="text" class="txt" id="textField"/>
        <input type="button" class="btn_file" value="浏览..." />
        <input  type="file"   class="file"
onchange="document.getElementById('textField').value=this.value"/>
        <input type="submit" value="上传图片" class="btn_file"/></div></td>
    </tr>
```

同时设置 CSS，将原有 file 控件进行透明化处理。具体 CSS 代码如下：

```css
/*文件上传控件样式*/
.file_box{
    position:relative;
    width:350px;
}
.txt{
    border:1px #ccc solid;
    height:25px;
    width:180px;
}
.btn_file{
    background:#fff;
    border:#ccc 1px solid;
    width:70px;
    height:24px;
}
.file{
    position:absolute;
    top:0;
    right:90px;
    height:24px;
    width:260px;
    filter:alpha(opacity:0);
    opacity:0
}
```

### 四、核心技能与知识拓展

#### 1. 表单

表单是网页中提供的一种交互式操作手段，在网页中的使用十分广泛。无论是提交搜索的信息，还是网上注册等，都需要使用表单，其是网站管理员与浏览者之间沟通的桥梁。

用户可以通过提交表单信息与服务器进行动态交流。利用表单处理程序可以收集、分析用户的反馈意见，做出科学的、合理的决策。

在网页中，最常见的表单主要包括文本框、单选按钮、复选框、下拉菜单、按钮等，如图 5-4 所示。

一个表单由三个基本组成部分：

① 表单标签：包含处理表单数据 CGI 程序的 URL 及数据提交到服务器的方法。

② 表单域：包含单行文本框、密码框、隐藏域、多行文本框、复选框、单选按钮、下拉选择框和文件上传框等。

项目模块五　表单设计与制作

图 5-4　表单应用示例

③ 表单按钮：包括提交按钮、重置按钮和普通按钮，主要用于将数据传送到服务器上处理程序或者取消输入，还可以通过触发按钮完成脚本处理。

2. 表单处理

表单标签：

`<form></form>`

功能：用于声明表单，定义采集数据的范围，也就是<form>和</form>里面包含的数据将被提交到服务器。<form>是双标签，在首标签<form>和尾标签</form>之间的部分就是一个表单。

代码格式：

`<form name="…" action="URL" method="get/post" enctype="…" >…</form>`

属性详解：

name：给定表单名称，表单命名之后就可以通过脚本语言 JavaScript 对其进行控制。

action：指定处理表单数据的服务器端应用程序的路径。一般情况下，action 属性主要用来处理用户通过表单提交的信息，如保存、回复等。表单的处理程序定义的是表单要提交的地址，也就是表单中收集到的资料将要传递的程序地址。这一地址可以是绝对地址，也可以是相对地址，还可以是一些其他的地址形式，如发送 E-mail 等。

method：用于指定处理表单数据的方法，method 的值可以为 get 或 post，默认方式是 get。它决定了表单中已收集的数据以何种方法发送到服务器端。

get 是通过 URL 请求来传递用户数据的，将表单中的数据按照 variable=value 的形式添加到 action 所指向的 URL 后面，并且两者使用 "?" 连接，而各个变量之间使用 "&" 连接，其受 URL 长度限制，同时也不安全，例如 www.weibo.com?uid=1&content=haha。get 请求提交的数据放置在 HTTP 请求协议头中，而 post 提交的数据则放在实体数据中，可以通过表单提交大量信息。

enctype：规定在发送到服务器之前应该如何对表单数据进行编码。表单默认数据编码为 "application/x-www-form-urlencoded"。也就是说，在发送到服务器之前，所有字符都会进行编

- 127 -

码（空格转换为加号"+"，特殊符号转换为 ASCII HEX 值）。在使用包含文件上传控件的表单时，enctype 必须使用 multipart/form-data，否则将无法实现文件上传。

3．表单域

表单域包含单行文本框、密码框、隐藏域、多行文本框、复选框、单选按钮、下拉选择框和文件上传框等，用于采集用户的输入或选择的数据，下面分别讲述这些表单域的代码格式：

（1）文本框

文本框是一种让访问者自己输入内容的表单对象，通常被用来填写单个字或者简短的回答，如姓名、地址等，如图 5-5 所示。

邮箱 net_wd@163.com  建议使用qq、163、新浪等邮箱注册

图 5-5 文本框

<input>是个单标记，它必须嵌套在表单标记中使用，用于定义一个用户的输入项。

代码格式：

```
<input type="text" name="..." size="..." maxlength="..." value="..." placeholder="...">
```

属性详解：

type="text"：定义单行文本输入框。

name：定义文本框的名称，要保证数据的准确采集，必须定义一个独一无二的名称。

size：定义文本框的宽度，单位是单个字符宽度。

maxlength：定义最多输入的字符数。

value：定义文本框的初始值。

placeholder：提供可描述输入字段预期值的提示信息。该提示会在输入字段为空时显示，并会在字段获得焦点时消失。placeholder 属性是 HTML5 中的新属性，IE 低版本不支持。

（2）多行文本框

多行文本框又称为文本域，是一种让访问者自己输入内容的表单对象，只不过能让访问者填写较长的内容，如图 5-6 所示。

自助建站你最看重什么： 企业的知名度

图 5-6 多行文本框

代码格式：

```
<textarea name="..." cols="..." rows="..." wrap="virtual"></textarea>
```

属性详解：

name：定义多行文本框的名称，要保证数据的准确采集，必须定义一个独一无二的名称。

cols：定义多行文本框的宽度，单位是单个字符宽度。

rows：定义多行文本框的高度，单位是单个字符宽度。

wrap：规定当在表单中提交时，文本区域中的文本如何换行。wrap 属性是 <textarea> 标签在 HTML5 中的新属性，值为 soft 表示当在表单中提交时，textarea 中的文本不换行；值 hard 表示当在表单中提交时，textarea 中的文本换行（包含换行符）。当使用"hard"时，必须规定 cols 属性。

（3）密码框

密码框一种特殊的文本域，用于输入密码。当访问者输入文字时，文字会被星号或其他符号代替，而输入的文本会被隐藏，如图 5-7 所示。

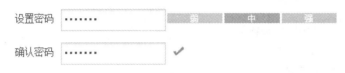

图 5-7　密码框

代码格式：

`<input type="password" name="..." size="..." maxlength="...">`

属性详解：

type="password"：定义密码框。

name：定义密码框的名称，要保证数据的准确采集，必须定义一个独一无二的名称。

size：定义密码框的宽度，单位是单个字符宽度。

maxlength：属性定义最多输入的字符数。

（4）隐藏域

隐藏域是用来收集或发送信息的不可见元素。对于网页的访问者来说，隐藏域是看不见的。当表单被提交时，隐藏域就会将信息用设置时定义的名称和值发送到服务器上。

代码格式：

`<input type="hidden" name="..." value="...">`

属性详解：

type="hidden"：定义隐藏域。

name：定义隐藏域的名称。要保证数据的准确采集，必须定义一个独一无二的名称。

value：定义隐藏域的值。

（5）复选框

复选框允许在待选项中选中一项以上的选项。每个复选框都是一个独立的元素，都必须有唯一的名称，如图 5-8 所示。

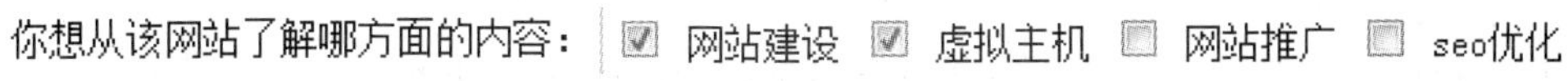

图 5-8　复选框

代码格式：

`<input type="checkbox" name="..." value="...">`

属性详解：

type="checkbox"：定义复选框。

name：定义复选框的名称。要保证数据的准确采集，必须定义一个独一无二的名称。
value：定义复选框的值。

（6）单选按钮

当需要访问者在单选项中选择唯一的答案时，就需要用到单选按钮，如图5-9所示。

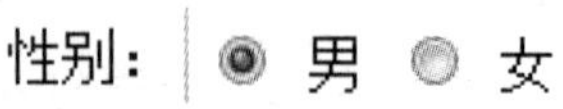

性别：◉ 男 ◯ 女

图5-9 单选按钮

代码格式：
```
<input type="radio" name="..." value="...">
```
属性详解：

type="radio"：定义单选框。

name：定义单选框的名称。要保证数据的准确采集，单选框都是以组为单位使用的，在同一组中的单选项都必须用同一个名称。

value：定义单选框的值。在同一组中，它们的域值必须是不同的。

示例：
```
<input type="radio" name="gender" value="0">男
<input type="radio" name="gender" value="1">女
```

（7）文件上传框

在网页中，有时需要用户上传自己的文件，文件上传框看上去和其他文本域差不多，只是它还包含了一个浏览按钮。访问者可以通过输入需要上传的文件的路径或者单击浏览按钮选择需要上传的文件。

**注意**：在使用文件域以前，请先确定服务器是否允许匿名上传文件。表单标签中必须设置 enctype="multipart/form-data"来确保文件被正确编码；另外，表单的传送方式建议设置成post。

代码格式：
```
<input type="file" name="..." size="…" maxlength="…">
```
属性详解：

type="file"：定义文件上传框。

name：定义文件上传框的名称。要保证数据的准确采集，必须定义一个独一无二的名称。

size：定义文件上传框的宽度，单位是单个字符宽度。

maxlength：定义最多输入的字符数。

（8）下拉选择框

下拉选择框允许在一个有限的空间设置多种选项，如图5-10所示。

身份 家长 ▼

孩子年级 三年级 ▼

图5-10 下拉选择框

代码格式：

```
<select name="..." size="..." multiple>
<option value="..." selected="selected" >...</option>
...
</select>
```

属性详解：

size：定义下拉选择框的行数。

name：定义下拉选择框的名称。

multiple：表示可以多选。如果不设置本属性，表示只能单选。

value：定义选择项的值。

selected=" selected "：表示默认已经选择本选项。

4．表单按钮

表单按钮用户控制表单的动作。

（1）提交按钮

提交按钮用来将输入的信息提交到服务器。

代码格式：

```
<input type="submit" name="..." value="...">
```

属性详解：

type="submit"：定义提交按钮的类型。

name：定义提交按钮的名称。

value：定义按钮的显示文字。

示例：

```
<input type="submit" name="submit" value="确定">
```

（2）复位按钮

复位按钮用来重置表单。

代码格式：

```
<input type="reset" name="..." value="...">
```

属性详解：

type="reset"：定义复位按钮。

name：定义复位按钮的名称。

value：定义按钮的显示文字。

示例：

```
<input type="reset" name="cancle" value="取消">
```

（3）普通按钮

普通按钮用来控制其他定义了处理脚本的事件触发。

代码格式：

```
<input type="button" name="..." value="..." onClick="...">
```

属性详解：

type="button"：定义一般按钮。

name：定义一般按钮的名称。
value：定义按钮的显示文字。
onClick：属性，也可以是其他的事件，通过指定脚本函数来定义按钮的行为。
示例：

```
<input type="button" name="check" value="检测" onClick="javascript:alert('It is ok')">
```

（4）图片类型按钮
为了提升界面美观性，有时使用图片类型的按钮。
示例：

```
<input type="image"  src="../images/reg.png"  />
```

5. 表格标签 Table
<table> 标签用来定义 HTML 表格。简单的 HTML 表格由 table 元素及一个或多个 tr、th 或 td 元素组成。
代码格式：

```
<table width="" bgcolor="" background="" border="" cellspacing="" cellpadding="">
<tr>...<td>....</td>....</tr>
</table>
```

表格标签主要包含以下元素：
<tr></tr>：定义一个表格行。
<td></td>：定义一个单元格。
<table>标签的主要属性如下：
border：定义表格的边框宽度，默认为 0，即无边框。
cellpadding：单元格填充属性，单元格内容与其边框之间的空白。
cellspacing：单元格间距，单元格与单元格之间的距离。
colspan：表示横向合并单元格，如图 5-11 所示。
rowspan：表示纵向合并单元格，如图 5-12 所示。

　　图 5-11　横向合并单元格　　　　图 5-12　纵向合并单元格

注意：<table><tr><td>…</td></tr></table>是正确的表格嵌套结构。
示例：

```
<table border=0 title="测试">
    <caption> 表格标题</caption>
    <tr>
        <th>姓名</th>
        <th>年龄</th>
    </tr>
```

```
        <tr>
            <td>张三</td>
            <td>22</td>
        </tr>
        <tr>
            <td><input type=text /></td>
            <td><input type=text /></td>
        </tr>
</table>
```

效果如图 5-13 所示。

图 5-13  表格应用示例

## 五、课后训练

1. 网页中代码<input type="text" name="name" size="20" maxlength="4">定义了（    ）。

A. 一个单选框

B. 一个单行文本输入框

C. 一个提交按钮

D. 一个使用图像的提交按钮

2. 下列不是表示按钮的是（    ）。

A. type="submit"                B. type="reset"

C. type="image"                 D. type="button"

3. 若要将表单数据以字符串的方式附加在网址 URL 的后面返回服务器端，必须将<FORM> 标记的 METHOD 属性设置为（    ）。

A. POST          B. GOT          C. GET          D. QUERY

4. 下面为表格标签正确使用的格式的是（    ）。

A. <table> <tr>…</tr> <td>…</td> </table>    B. <table> <tr><td>…</td></tr> </table>

C. <table> </table><tr></tr><td>…</td>      D. <table> <td><tr>…</tr></td> </table>

5. 在浏览器中，单击<input>标记的 type 属性值为（    ）的按钮可以将 form 表单内的数据发送到服务器。

A. password       B. radio         C. submit        D. reset

6. 定义表单所用的标签是（    ）。

A. table          B. form          C. select         D. input

7. 要使单选框或复选框默认为已选中，要在 input 标签中设置（    ）属性。

A. selected       B. disabled       C. type          D. checked

# 任务 2　表单动态效果制作

## 一、任务导入

在表单数据提交服务器之前，需要对 HTML 表单中用户输入的数据进行合法性校验，从而减少服务器处理负担。数据校验通常在客户端进行，也可以在服务器端进行。客户端校验一般采用 JavaScript 技术，用户体验好，速度快，减少服务器端负担。但客户端校验不可能兼容所有的客户端，这个时候服务器端校验将是更好的选择。

## 二、任务目标

1. 表单必填项验证。
2. 数据合法性验证。
3. 二级联动效果。

表单动态效果制作

## 三、任务实施

**步骤 1：表单数据检测**

① 选择"文件"→"新建"命令，新建 JavaScript 文件，如图 5-14 所示。

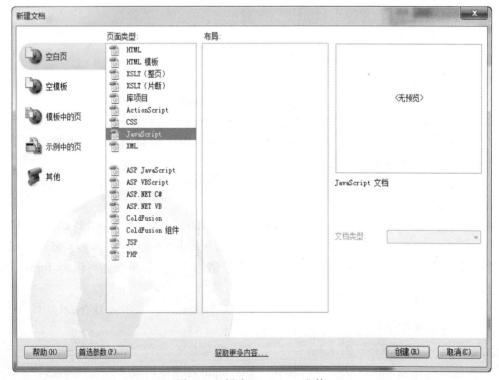

图 5-14　新建 JavaScript 文件

② 保存文件脚本文件 validate.js，并将文件存储在 scripts 目录下。同时，在 register.html 页面中通过如下代码引入该外部 JavaScript 文件。

```
<script language="javascript" src="../scripts/validate.js"></script>
```

③ 检测流程分析：

JavaScript 可用来在数据被送往服务器前对 HTML 表单中的这些输入数据进行验证。通常被 JavaScript 验证的典型的表单数据有：

用户是否已填写表单中的必填项目；
用户是否输入了所要求的字符模式；
用户输入的邮件地址是否合法；
用户是否已输入合法的日期；
用户是否在数据域中输入了文本；
用户是否输入了合法的身份证号码格式。

在任务 1 表单设计的基础上，在必填表单域后添加提示信息，效果如图 5-15 所示。

图 5-15  添加提示信息

带*号标识为必填项目，需要对其判断用户数据是否填写；
所有必填项通过 JavaScript 正则表达式进行数据的合法性校验；
密码和确认密码需要检查其是否一致，若不一致，提示用户在第几位出现不同。
注意：在表单页面的"注册"按钮处，需触发 onclick 事件调用 check()检测函数。

④ 编写 validate.js 脚本文件代码。

```
//自定义函数compareString(),比较两个字符串在第几位不同
function compareString(pwd1,pwd2){
    for(i=0;i<=pwd1.length-1;i++){
        if(pwd1.charAt(i)!=pwd2.charAt(i)){
```

```
            return(i);
            break;}
        }
    }
    //实现表单数据的有效性校验
function check(){
    var name=document.reg.username.value;//获取用户填写的内容
    var pwd=document.reg.password.value;//获取密码内容
    var confirm_pwd=document.reg.confirm_password.value;//获取确认密码内容
    var IDCard=document.getElementById("IDCard").value;//获取身份证内容
    //检测用户名
    if(name=="")
    {alert("请输入用户名!");//用来弹出警告提示框
    document.reg.username.focus();//将光标符聚焦到username标识的文本框中
     return false;
        }
    var filter=/^\s*[a-zA-Z0-9_-]{6,20}\s*$/;//指定用于验证用户名的正则表达式
    if(!filter.test(name)){
        alert("用户名输入不正确,请按照指定规则填写!")
        document.reg.username.focus();//聚焦光标
      return false;
    }
    //检测密码
    if(pwd=="")
    {alert("请输入密码!");//用来弹出警告提示框
    document.reg.password.focus();//聚焦光标
     return false;
        }
    var filter=/^\s*[a-zA-Z0-9_-]{6,20}\s*$/;//指定用于验证用户名的正则表达式
    if(!filter.test(pwd)){
        alert("密码输入不正确,请按照指定规则填写!")
        document.reg.password.focus();//聚焦光标
      return false;
        }
    //检测确认密码
    if(confirm_pwd=="")
    {alert("请输入确认密码!");//用来弹出警告提示框
    document.reg.confirm_password.focus();//聚焦光标
     return false;
        }
```

```
if(pwd.length!=confirm_pwd.length)
    {
        alert("两次密码长度不一致,请重新输入");//用来弹出警告提示框
document.reg.confirm_password.focus();//聚焦光标
 return false;
    }
if(pwd!=confirm_pwd){
    j=compareString(pwd,confirm_pwd);
    alert("您输入的密码在第"+(j+1)+"个字符处不同!")
    return false;
    }
//检测身份证
if(IDCard==""）
{alert("请输入身份证号!");//用来弹出警告提示框
document.reg.IDCard.focus();//聚焦光标
 return false;
    }
var filter1=/(^\d{15}$)|(^\d{17}(\d|X|x)$)/;//指定身份证的正则表达式
if(!filter1.test(IDCard)){
    alert("请输入18位身份证号!")
    document.reg.IDCard.focus();//聚焦光标
  return false;
}
//判定电子邮箱是否合法
    if(email==""){
    alert("请输入邮箱");//弹出警告提示框
    document.register.email.focus();//将光标符聚焦email标识的文本框中
    return false;
    }
var filter=/^([a-zA-Z0-9]+[_|-|.]?)*[a-zA-Z0-9]+@([a-zA-Z0-9]+[_|-|.]?)*[a-zA-Z0-9]+.[a-zA-Z]{2,3}$/;
    if(!filter.test(email)){
        alert("请输入正确的邮箱地址");//弹出警告提示框
        document.register.email.focus();//将光标符聚焦userName标识的文本框中
        return false;
    }
document.reg.submit();//当数据合法时,表单进行提交
    }
```

**步骤 2：二级联动效果制作**

① 选择"文件"→"新建"命令，新建 JavaScript 文件。

② 保存文件脚本文件 city.js，并将文件存储在 scripts 目录下。同时在 register.html 页面中通过如下代码引入该外部 JavaScript 文件。

```
<script language="javascript" src="../scripts/city.js"></script>
```

③ 编写 city.js 文件代码。

```javascript
function change_province(x){
    var select1_len=document.reg.province.options.length;
      //获取省份下拉列表的全部项目数,方便引用
    var select2=new Array(select1_len);
     //新建一个数组,数组名 selcet2,数组的个数为第一个下拉列表的项目个数
     //循环次数为第一个下拉列表的项目个数
    for(i=0;i<select1_len;i++){
        select2[i]=new Array();//selcet2[0],select2[1],select2[2],select2[3]
        }
        //给每个循环赋值
        select2[1][0]=new Option("沈阳","沈阳");
        select2[1][1]=new Option("大连","大连");
        select2[1][2]=new Option("鞍山","鞍山");

        select2[2][0]=new Option("石家庄","沈阳");
        select2[2][1]=new Option("大连","大连");
        select2[2][2]=new Option("鞍山","鞍山");

        select2[3][0]=new Option("哈尔滨","哈尔滨");
        select2[3][1]=new Option("大庆","大庆");
        select2[3][2]=new Option("海拉尔","海拉尔");
    var temp=document.reg.city
  //切换省份时,需要重新填充下拉列表的项目,这时必须将原有的项目清除,清除和增加是有区别的,通常采用递减形式
        for(j=temp.options.length-1;j>=0;j--){
            temp.options[j]=null;//清除原来的二级列表选项
            }
        for(m=0;m<select2[x].length;m++){
            temp.options[m]=new Option(select2[x][m].text,select2[x][m].value);
           //追加新的二级列表选项
            }
    }
```

## 四、核心技能与知识拓展

### 1. HTML DOM

通过 HTML DOM 文档对象模型,可访问 JavaScript HTML 文档的所有元素。当网页被加载时,浏览器会创建页面的文档对象模型(Document Object Model)。HTML DOM 模型被构造为对象的树,如图 5-16 所示。

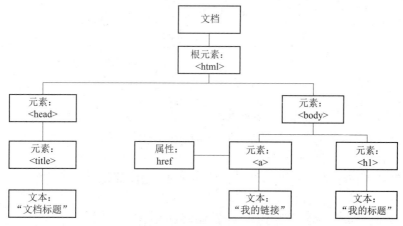

图 5-16  HTML DOM 树

通过可编程的对象模型,JavaScript 获得了足够的能力来创建动态的 HTML。
① JavaScript 能够改变页面中的所有 HTML 元素。
② JavaScript 能够改变页面中的所有 HTML 属性。
③ JavaScript 能够改变页面中的所有 CSS 样式。
④ JavaScript 能够对页面中的所有事件做出反应。

### 2. 查找 HTML 元素

通常,若需要操作 HTML 元素,可以通过 JavaScript 找到该元素,主要有以下 3 种方法。

(1) 通过 id 查找 HTML 元素

此方法是在 DOM 中查找 HTML 元素的最简单的方法。

示例:

查找 id="intro" 元素:

```
var x=document.getElementById("intro");
```

如果找到该元素,则该方法将以对象(在 x 中)的形式返回该元素。如果未找到该元素,则 x 将包含 null。

(2) 通过标签名查找 HTML 元素

示例:

查找 id="main" 的元素,然后查找 "main" 中的所有 <p> 元素:

```
var x=document.getElementById("main");
var y=x.getElementsByTagName("p");
```

(3) 通过类名找到 HTML 元素

提示:通过类名查找 HTML 元素在 IE6、IE7、IE8 中无效。

3. JavaScript 改变 HTML

（1）改变 HTML 输出流

HTML DOM 允许 JavaScript 改变 HTML 元素的内容。在 JavaScript 中，document.write() 可用于直接向 HTML 输出流写内容。JavaScript 能够创建动态的 HTML 内容。

示例：

```
<html>
<body>
<script>
document.write(Date());
</script>
</body>
</html>
```

提示：绝不要在文档加载之后使用 document.write()，否则会覆盖该文档。

（2）改变 HTML 内容

修改 HTML 内容的最简单的方法是使用 innerHTML 属性。

语法：

```
document.getElementById(id).innerHTML=new HTML
```

示例1：改变<p>元素的内容。

```
<html>
<body>
<p id="p1">Hello World!</p>
<script>
document.getElementById("p1").innerHTML="New text!";
</script>
</body>
</html>
```

示例2：改变<h1>元素的内容。

```
<html>
<body>
<h1 id="header">Old Header</h1>
<script>
var element=document.getElementById("header");
element.innerHTML="New Header";
</script>
</body>
</html>
```

上面的 HTML 文档含有 id="header"的<h1>元素，使用 HTML DOM 来获得 id="header"的元素，使用 JavaScript 更改此元素的内容（innerHTML）。

(3) 改变 HTML 属性

语法：

```
document.getElementById(id).attribute=new value
```

示例：改变<img>元素的 src 属性。

```
<html>
<body>
<img id="image" src="smiley.gif">
<script>
   document.getElementById("image").src="landscape.jpg";
</script>
</body>
</html>
```

上面的 HTML 文档含有 id="image"的<img>元素，使用 HTML DOM 来获得 id="image"的元素，利用 JavaScript 更改此元素的属性，把"smiley.gif"改为"landscape.jpg"。

4. JavaScript 改变 CSS

HTML DOM 允许 JavaScript 改变 HTML 元素的样式。

语法：

```
document.getElementById(id).style.property=new style
```

示例 1：改变<p>元素的样式。

```
<p id="p2">Hello World!</p>
<script>
document.getElementById("p2").style.color="blue";
</script>
```

示例 2：当用户单击按钮时，改变 id="id1" 的 HTML 元素的样式。

```
<h1 id="id1">My Heading 1</h1>
<button type="button" onclick="document.getElementById('id1').style.color='red'">
单击这里
</button>
```

5. JavaScript 事件

JavaScript 可以对 HTML 事件做出反应。在事件发生时，执行 JavaScript。HTML 事件主要包括：

- 当用户单击鼠标时
- 当网页已加载时
- 当图像已加载时
- 当鼠标移动到元素上时
- 当输入字段被改变时
- 当提交 HTML 表单时
- 当用户触发按键时

示例 1：当用户在<h1>元素上单击时，会改变其内容。

```
<h1 onclick="this.innerHTML='谢谢!'">请单击该文本</h1>
```

示例2：从事件处理器中调用一个函数。

```
<html>
<head>
<script>
function changetext(id)
{
id.innerHTML="谢谢!";
}
</script>
</head>
<body>
<h1 onclick="changetext(this)">请单击该文本</h1>
</body>
</html>
```

6. JavaScript 简单数据验证

下面是数据校验常用的3种方法。

方法1：使用提交类型按钮的 onclick 方法。onclick 指定的方法返回 true，则提交数据；返回 false，则不提交数据。

```
<script type="text/javascript">
    function check(form) {
    if(form.userId.value=='') {
        alert("请输入用户账号!");
        form.userId.focus();
        return false;
      }
    if(form.password.value==''){
        alert("请输入登录密码!");
        form.password.focus();
        return false;
      }
    return true;
      }
</script>
<form action="login.do?act=login" method="post">
用户账号
  <input type=text name="userId" size="18" value="" >
<br>
 登录密码
```

```
<input type="password" name="password" size="19" value=""/>
 <input type=submit name="submit1" value="登录" onclick="return check(this.form)">
</form>
```

方法 2：使用 form 表单的 onsubmit 方法。onsubmit 指定的方法返回 true，则提交数据；返回 false，则不提交数据。

```
<script type="text/javascript">
    function check(form) {

        if(form.userId.value=='') {
            alert("请输入用户账号!");
            form.userId.focus();
            return false;
        }
        if(form.password.value==''){
            alert("请输入登录密码!");
            form.password.focus();
            return false;
        }
        return true;
    }
</script>
<form action="login.do?act=login" method="post" onsubmit="return check(this)">
用户账号
  <input type=text name="userId" size="18" value="" >
<br>
登录密码
<input type="password" name="password" size="19" value=""/>
 <input type=submit name="submit1" value="登录">
</form>
```

方法 3：使用普通类型按钮的 onclick 方法。onclick 指定的方法返回 true，则提交数据；返回 false，则不提交数据。

**注意**：在数据检测结束后，必须使用表单对象的 submit()方法进行表单数据提交。

```
<script type="text/javascript">
    function check(form) {
        if(form.userId.value=='') {
            alert("请输入用户账号!");
            form.userId.focus();
            return false;
```

```
        }
    if(form.password.value==''){
            alert("请输入登录密码!");
            form.password.focus();
            return false;
        }

        document.myform.submit();
}
</script>
<form action="login.do?act=login" name="myform" method="post">
用户账号
  <input type=text name="userId" size="18" value="" >
<br>
 登录密码
<input type="password" name="password" size="19" value=""/>
<input type=button name="submit1" value="登录" onclick="check(this.form)">
</form>
```

### 7. JavaScript 正则表达式

(1) 正则表达式的作用

① 测试字符串的某个模式。例如，可以对一个输入字符串进行测试，查看该字符串是否存在一个电话号码模式或一个信用卡号码模式，这称为数据有效性验证。

② 替换文本。可以在文档中使用一个正则表达式来标识特定文字，然后将其全部删除，或者替换为别的文字。

③ 根据模式匹配从字符串中提取一个子字符串。可以用来在文本或输入字段中查找特定文字。

(2) 正则表达式的语法

一个正则表达式就是由普通字符（例如字符 a～z）以及特殊字符（称为元字符）组成的文字模式。该模式描述在查找文字主体时待匹配的一个或多个字符串。正则表达式作为一个模板，将某个字符模式与所搜索的字符串进行匹配。

下面是正则表达式中特殊字符的含义：

\，作为转意，即通常在"\"后面的字符不按原来意义解释，如/b/匹配字符"b"，当 b 前面加了反斜杆后，即/\b/，转意为匹配一个单词的边界。

-或-，对正则表达式功能字符的还原，如"*"匹配它前面元字符 0 次或多次，/a*/将匹配 a、aa、aaa，加了"\"后，/a\*/将只匹配"a*"。

^ 匹配一个输入或一行的开头。/^a/匹配"an A"，而不匹配"An a"。

$ 匹配一个输入或一行的结尾。/a$/匹配"An a"，而不匹配"an A"。

* 匹配前面元字符 0 次或多次。/ba*/将匹配 b、ba、baa、baaa。

+ 匹配前面元字符 1 次或多次。/ba*/将匹配 ba、baa、baaa。

? 匹配前面元字符 0 次或 1 次。/ba*/将匹配 b、ba。

（x）匹配 x，保存 x，在名为$1…$9 的变量中。

x|y 匹配 x 或 y。

{n} 精确匹配 n 次。

{n,} 匹配 n 次以上。

{n,m} 最少匹配 n 次且最多匹配 m 次。m 和 n 均为非负整数，其中 n≤m。

[xyz] 字符集（character set），匹配这个集合中的任意一个字符（或元字符）。

[^xyz] 不匹配这个集合中的任何一个字符。

[\b] 匹配一个退格符。

\b 匹配一个单词的边界。

\B 匹配一个单词的非边界。

\cX 匹配由 X 指明的控制字符。例如，\cM 匹配一个 Control-M 或回车符。x 的值必须为 A～Z 或 a～z 之一，否则，将 c 视为一个原义的"c"字符。

\d 匹配一个字数字符，/\d/ = /[0-9]/。

\D 匹配一个非字数字符，/\D/ = /[^0-9]/。

\n 匹配一个换行符。

\r 匹配一个回车符。

\s 匹配一个空白字符，包括\n、\r、\f、\t、\v 等。

\S 匹配一个非空白字符，等于/[^\n\f\r\t\v]/。

\t 匹配一个制表符。

\v 匹配一个重直制表符。

\w 匹配一个可以组成单词的字符（alphanumeric，这是意译，含数字），包括下划线，如[\w]匹配"$5.98"中的 5，等于[a-zA-Z0-9]。

\W 匹配一个不可以组成单词的字符，如[\W]匹配"$5.98"中的$，等于[^a-zA-Z0-9]。

（3）常见验证表达式

只能输入数字："^[0-9]*$"。

只能输入 n 位数字："^\d{n}$"。

只能输入至少 n 位数字："^\d{n,}$"。

只能输入 m~n 位的数字："^\d{m,n}$"。

只能输入零和非零开头的数字："^(0|[1-9][0-9]*)$"。

只能输入有两位小数的正实数："^[0-9]+(.[0-9]{2})?$"。

只能输入有 1～3 位小数的正实数："^[0-9]+(.[0-9]{1,3})?$"。

只能输入非零的正整数："^+?[1-9][0-9]*$"。

只能输入非零的负整数："^-[1-9][0-9]*$"。

只能输入长度为 3 的字符："^.{3}$"。

只能输入由 26 个英文字母组成的字符串："^[A-Za-z]+$"。

只能输入由 26 个大写英文字母组成的字符串："^[A-Z]+$"。

只能输入由 26 个小写英文字母组成的字符串："^[a-z]+$"。

只能输入由数字和 26 个英文字母组成的字符串："^[A-Za-z0-9]+$"。

只能输入由数字、26 个英文字母或者下划线组成的字符串："^w+$"。

验证用户密码："^[a-zA-Z]w{6,18}$"。正确格式为：以字母开头，长度在 6~18 之间，只能包含字符、数字和下划线。

验证是否含有^%&",;=?$"等特殊字符："[^%&",;=?$"x22]+"。

只能输入汉字："^[u4e00-u9fa5],{0,}$"。

验证 Email 地址："^w+[-+.]w+)*@w+([-.]w+)*.w+([-.]w+)*$"。

验证 Internet URL："^http://([w-]+.)+[w-]+(/[w-./?%&=]*)?$"。

验证电话号码："^((d{3,4})|d{3,4}-)?d{7,8}$"。

验证身份证号（15 位或 18 位数字）："^d{15}|d{}18$"。

验证一年的 12 个月："^(0?[1-9]|1[0-2])$"，正确格式为："01"～"09"和"1""12"。

验证一个月的 31 天："^((0?[1-9])|((1|2)[0-9])|30|31)$"，正确格式为："01""09"和"1""31"。

匹配中文字符的正则表达式：[u4e00-u9fa5]。

匹配双字节字符（包括汉字在内）：[^x00-xff]。

匹配空行的正则表达式：n[s| ]*r。

匹配 HTML 标记的正则表达式：/<(.*)>.*|<(.*) />/。

匹配首尾空格的正则表达式：(^s*)|(s*$)。

匹配 Email 地址的正则表达式：w+([-+.]w+)*@w+([-.]w+)*.w+([-.]w+)*。

匹配网址 URL 的正则表达式：http://([w-]+.)+[w-]+(/[w- ./?%&=]*)?。

（4）常用的正则表达式实例

```
/**
 * 取得字符串的字节长度
 */

    function strlen(str)
    {
        var i;
        var len;

        len = 0;
        for (i=0;i<str.length;i++)
        {
            if (str.charCodeAt(i)>255) len+=2; else len++;
        }
        return len;
    }

/*
 * 判断是否为数字,是则返回 true,否则返回 false
```

```
*/

    function f_check_number(obj)
    {
        if (/^\d+$/.test(obj.value))
        {
           return true;
        }
        else
        {
           f_alert(obj,"请输入数字");
           return false;
        }
    }
```

/*
* 判断是否为自然数,是则返回true,否则返回false
*/

```
    function f_check_naturalnumber(obj)
    {
        var s = obj.value;
        if (/^[0-9]+$/.test( s ) && (s > 0))
        {
           return true;
        }
        else
        {
            f_alert(obj,"请输入自然数");
            return false;
        }
    }
```

/*
* 判断是否为整数,是则返回true,否则返回false
*/

```
function f_check_integer(obj)
{
    if (/^(\+|-)?\d+$/.test( obj.value ))
    {
       return true;
    }
    else
    {
       f_alert(obj,"请输入整数");
       return false;
    }
}
```

/*
* 判断是否为实数,是则返回 true,否则返回 false
*/

```
function f_check_float(obj)
{
    if (/^(\+|-)?\d+($|\.\d+$)/.test( obj.value ))
    {
       return true;
    }
    else
    {
        f_alert(obj,"请输入实数");
       return false;
    }
}
```

/*
* 校验数字的长度和精度
*/

```
function f_check_double(obj){
    var numReg;
    var value = obj.value;
```

```javascript
        var strValueTemp, strInt, strDec;
        var dtype = obj.eos_datatype;
        var pos_dtype = dtype.substring(dtype.indexOf("(")+1,dtype.indexOf(")")).split(",");
        var len = pos_dtype[0], prec = pos_dtype[1];
        try
        {
            numReg =/[\-]/;
            strValueTemp = value.replace(numReg, "");
            numReg =/[\+]/;
            strValueTemp = strValueTemp.replace(numReg, "");
            //整数
            if(prec==0){
                numReg =/[\.]/;
                if(numReg.test(value) == true){
                    f_alert(obj, "输入必须为整数类型");
                    return false;
                }
            }
            if(strValueTemp.indexOf(".") < 0 ){
                if(strValueTemp.length >( len - prec)){
                    f_alert(obj, "整数位不能超过"+ (len - prec) +"位");
                    return false;
                }
            }else{
                strInt = strValueTemp.substr( 0, strValueTemp.indexOf(".") );
                if(strInt.length >( len - prec)){
                    f_alert(obj, "整数位不能超过"+ (len - prec) +"位");
                    return false;
                }
                strDec  =  strValueTemp.substr(  (strValueTemp.indexOf(".")+1), strValueTemp.length );
                if(strDec.length > prec){
                    f_alert(obj, "小数位不能超过"+ prec +"位");
                    return false;
                }
            }
            return true;
        }catch(e){
```

网站构建技术

```
        alert("in f_check_double = " + e);
        return false;
    }
}


/*
* 校验数字的最小值和最大值
* 返回bool
*/

function f_check_interval(obj)
{
    var value = parseFloat(obj.value);

    var dtype = obj.eos_datatype;
    var pos_dtype = dtype.substring(dtype.indexOf("(")+1,dtype.indexOf(")")).split(",");

    var minLimit = pos_dtype[0];
    var maxLimit = pos_dtype[1];
    var minVal = parseFloat(pos_dtype[0]);
    var maxVal = parseFloat(pos_dtype[1]);

    if(isNaN(value))
    {
        f_alert(obj, "值必须为数字");
        return false;
    }
    if((isNaN(minVal) && (minLimit != "-")) || (isNaN(maxVal) && (maxLimit != "+")))
    {
        f_alert(obj, "边界值必须为数字或-、+");
        return false;
    }

    if(minLimit == "-" && !isNaN(maxVal))
    {
        if(value > maxVal)
        {
```

```
            f_alert(obj, "值不能超过" + maxVal);
            return false;
        }
    }

    if(!isNaN(minVal) && maxLimit == "+")
    {
        if(value < minVal)
        {
            f_alert(obj, "值不能小于" + minVal);
            return false;
        }
    }

    if(!isNaN(minVal) && !isNaN(maxVal))
    {
        if(minVal > maxVal)
        {
            f_alert(obj, "起始值" + minVal + "不能大于终止值" + maxVal);
        }else
        {
            if(!(value <= maxVal && value >= minVal))
            {
                f_alert(obj, "值应该在" + minVal + "和" + maxVal + "之间");
                return false;
            }
        }
    }
    return true;
}

/*
用途:检查输入字符串是否只由汉字组成
如果通过验证,返回true,否则返回false
*/

function f_check_zh(obj){
    if (/^[\u4e00-\u9fa5]+$/.test(obj.value)) {
```

```
            return true;
        }
        f_alert(obj,"请输入汉字");
        return false;
    }


/*
 * 判断是否为小写英文字母,是则返回true,否则返回false
 */

    function f_check_lowercase(obj)
    {
        if (/^[a-z]+$/.test( obj.value ))
        {
            return true;
        }
        f_alert(obj,"请输入小写英文字母");
        return false;
    }


/*
 * 判断是否为大写英文字母,是则返回true,否则返回false
 */

    function f_check_uppercase(obj)
    {
        if (/^[A-Z]+$/.test( obj.value ))
        {
            return true;
        }
        f_alert(obj,"请输入大写英文字母");
        return false;
    }


/*
 * 判断是否为英文字母,是则返回true,否则返回false
```

项目模块五 表单设计与制作

```
*/
    function f_check_letter(obj)
    {
        if (/^[A-Za-z]+$/.test( obj.value ))
        {
            return true;
        }
        f_alert(obj,"请输入英文字母");
        return false;
    }
```

/*
用途:检查输入字符串是否只由汉字、字母、数字组成
输入:
value:字符串
返回:
如果通过验证,返回true,否则返回false
*/

```
    function f_check_ZhOrNumOrLett(obj){     //判断是否是汉字、字母、数字组成
        var regu = "^[0-9a-zA-Z\u4e00-\u9fa5]+$";
        var re = new RegExp(regu);
        if (re.test( obj.value )) {
            return true;
        }
        f_alert(obj,"请输入汉字、字母或数字");
        return false;
    }
```

/*
用途:校验ip地址的格式
输入:strIP:ip地址
返回:如果通过验证,返回true,否则返回false;
*/

```
    function f_check_IP(obj)
```

- 153 -

网站构建技术

```
    {
        var re=/^(\d+)\.(\d+)\.(\d+)\.(\d+)$/;  //匹配IP地址的正则表达式
        if(re.test( obj.value ))
        {
            if(   RegExp.$1<=255 && RegExp.$1>=0
  &&RegExp.$2<=255 && RegExp.$2>=0
  &&RegExp.$3<=255 && RegExp.$3>=0
  &&RegExp.$4<=255 && RegExp.$4>=0  )
  {
   return true;
  }
        }
        f_alert(obj,"请输入合法的计算机 IP 地址");
        return false;
    }
```

```
/*
用途:检查输入对象的值是否符合端口号格式
输入:str 输入的字符串
返回:如果通过验证,返回true,否则返回false
*/
    function f_check_port(obj)
    {
        if(!f_check_number(obj))
            return false;
        if(obj.value < 65536)
            return true;
        f_alert(obj,"请输入合法的计算机 IP 地址端口号");
        return false;
    }
```

```
/*
用途:检查输入对象的值是否符合网址格式
输入:str 输入的字符串
返回:如果通过验证,返回true,否则返回false
*/
```

```javascript
function f_check_URL(obj){
    var myReg = /^((http:[/][/])?\w+([.]\w+|[/]\w*)*)?$/;
    if(myReg.test( obj.value )) return true;
    f_alert(obj,"请输入合法的网页地址");
    return false;
}
```

```
/*
用途:检查输入对象的值是否符合 E-mail 格式
输入:str 输入的字符串
返回:如果通过验证，返回 true,否则返回 false
*/
```

```javascript
function f_check_email(obj){
    var myReg = /^([-_A-Za-z0-9\.]+)@([_A-Za-z0-9]+\.)+[A-Za-z0-9]{2,3}$/;
    if(myReg.test( obj.value )) return true;
    f_alert(obj,"请输入合法的电子邮件地址");
    return false;
}
```

```
/*
要求:一、移动电话号码为 11 或 12 位,如果为 12 位,那么第一位为 0
二、11 位移动电话号码的第一位和第二位为"13"
三、12 位移动电话号码的第二位和第三位为"13"
用途:检查输入手机号码是否正确
输入:
s:字符串
返回:
如果通过验证，返回 true,否则返回 false
*/
```

```javascript
function f_check_mobile(obj){
    var regu =/(^[1][3][0-9]{9}$)|(^0[1][3][0-9]{9}$)/;
    var re = new RegExp(regu);
    if (re.test( obj.value )) {
        return true;
```

```
    }
    f_alert(obj,"请输入正确的手机号码");
    return false;
}
```

/*
要求:一、电话号码由数字、"("、")"和"-"构成
二、电话号码为3到8位
三、如果电话号码中包含有区号,那么区号为三位或四位
四、区号用"("、")"或"-"和其他部分隔开
用途:检查输入的电话号码格式是否正确
输入:
strPhone:字符串
返回:
如果通过验证,返回true,否则返回false
*/

```
function f_check_phone(obj)
{
    var  regu  =/(^([0][1-9]{2,3}[-])?\d{3,8}(-\d{1,6})?$)|(^\([0][1-9]{2,3}\)\d{3,8}(\(\d{1,6}\))?$)|(^\d{3,8}$)/;
    var re = new RegExp(regu);
    if (re.test( obj.value )) {
      return true;
    }
    f_alert(obj,"请输入正确的电话号码");
    return false;
}


/* 判断是否为邮政编码 */

function f_check_zipcode(obj)
{
    if(!f_check_number(obj))
        return false;
    if(obj.value.length!=6)
    {
```

```
            f_alert(obj,"邮政编码长度必须是6位");
            return false;
        }
        return true;
    }


/*
用户ID,可以为数字、字母、下划线的组合,
第一个字符不能为数字,且总长度不能超过20。
*/

    function f_check_userID(obj)
    {
        var userID = obj.value;
        if(userID.length > 20)
        {
            f_alert(obj,"ID长度不能大于20");
            return false;
        }

        if(!isNaN(userID.charAt(0)))
        {
            f_alert(obj,"ID第一个字符不能为数字");
            return false;
        }
        if(!/^\w{1,20}$/.test(userID))
        {
            f_alert(obj,"ID只能由数字、字母、下划线组合而成");
            return false;
        }
        return true;
    }

/*
功能:验证身份证号码是否有效
提示信息:未输入或输入身份证号不正确!
使用:f_check_IDno(obj)
```

网站构建技术

返回:bool
*/

```javascript
function f_check_IDno(obj)
{
    var aCity={11:"北京",12:"天津",13:"河北",14:"山西",15:"内蒙古",21:"辽宁",
22:"吉林",23:"黑龙江",31:"上海",32:"江苏",33:"浙江",34:"安徽",35:"福建",36:"江西",
37:"山东",41:"河南",42:"湖北",43:"湖南",44:"广东",45:"广西",46:"海南",50:"重庆",
51:"四川",52:"贵州",53:"云南",54:"西藏",61:"陕西",62:"甘肃",63:"青海",64:"宁夏",
65:"新疆",71:"台湾",81:"香港",82:"澳门",91:"国外"};

    var iSum = 0;
    var info = "";
    var strIDno = obj.value;
    var idCardLength = strIDno.length;
    if(!/^\d{17}(\d|x)$/i.test(strIDno)&&!/^\d{15}$/i.test(strIDno))
    {
        f_alert(obj,"非法身份证号");
        return false;
    }

    //在后面的运算中,x相当于数字10,所以转换成a
    strIDno = strIDno.replace(/x$/i,"a");

    if(aCity[parseInt(strIDno.substr(0,2))]==null)
    {
        f_alert(obj,"非法地区");
        return false;
    }

    if (idCardLength==18)
    {
sBirthday=strIDno.substr(6,4)+"-"+Number(strIDno.substr(10,2))+"-"+Number(s
trIDno.substr(12,2));
        var d = new Date(sBirthday.replace(/-/g,"/"))
        if(sBirthday!=(d.getFullYear()+"-"+ (d.getMonth()+1) + "-" + d.getDate()))
        {
            f_alert(obj,"非法生日");
```

```
            return false;
        }

        for(var i = 17;i>=0;i --)
            iSum += (Math.pow(2,i) % 11) * parseInt(strIDno.charAt(17 - i),11);
        if(iSum%11!=1)
        {
            f_alert(obj,"非法身份证号");
            return false;
        }
    }
    else if (idCardLength==15)
    {
        sBirthday = "19" + strIDno.substr(6,2) + "-" + Number(strIDno.substr(8,2)) + "-" + Number(strIDno.substr(10,2));
        var d = new Date(sBirthday.replace(/-/g,"/"))
        var dd = d.getFullYear().toString() + "-" + (d.getMonth()+1) + "-" + d.getDate();
        if(sBirthday != dd)
        {
            f_alert(obj,"非法生日");
            return false;
        }
    }
    return true;
}

/*
* 判断字符串是否符合指定的正则表达式
*/

function f_check_formatStr(obj)
{
    var str = obj.value;
    var dtype = obj.eos_datatype;
    var regu = dtype.substring(dtype.indexOf("(")+1,dtype.indexOf(")"));
//指定的正则表达式
```

```
        var re = new RegExp(regu);
        if(re.test(str))
            return true;
        f_alert(obj , "不符合指定的正则表达式要求");
        return false;
    }



/*
功能:判断是否为日期(格式:yyyy 年 MM 月 dd 日,yyyy-MM-dd,yyyy/MM/dd,yyyyMMdd)
提示信息:未输入或输入的日期格式错误!
使用:f_check_date(obj)
返回:bool
*/
    function f_check_date(obj)
    {
        var date = Trim(obj.value);
        var dtype = obj.eos_datatype;
        var format = dtype.substring(dtype.indexOf("(")+1,dtype.indexOf(")"));
//日期格式
        var year,month,day,datePat,matchArray;

        if(/^(y{4})(-|\/)(M{1,2})\2(d{1,2})$/.test(format))
            datePat = /^(\d{4})(-|\/)(\d{1,2})\2(\d{1,2})$/;
        else if(/^(y{4})(年)(M{1,2})(月)(d{1,2})(日)$/.test(format))
            datePat = /^(\d{4})年(\d{1,2})月(\d{1,2})日$/;
        else if(format=="yyyyMMdd")
            datePat = /^(\d{4})(\d{2})(\d{2})$/;
        else
        {
            f_alert(obj,"日期格式不对");
            return false;
        }
        matchArray = date.match(datePat);
        if(matchArray == null)
        {
            f_alert(obj,"日期长度不对,或日期中有非数字符号");
            return false;
```

```
}
if(/^(y{4})(-|\/)(M{1,2})\2(d{1,2})$/.test(format))
{
    year = matchArray[1];
    month = matchArray[3];
    day = matchArray[4];
} else
{
    year = matchArray[1];
    month = matchArray[2];
    day = matchArray[3];
}
if (month < 1 || month > 12)
{
    f_alert(obj,"月份应该为1到12的整数");
    return false;
}
if (day < 1 || day > 31)
{
    f_alert(obj,"每个月的天数应该为1到31的整数");
    return false;
}
if ((month==4 || month==6 || month==9 || month==11) && day==31)
{
    f_alert(obj,"该月不存在31号");
    return false;
}
if (month==2)
{
    var isleap=(year % 4==0 && (year % 100 !=0 || year % 400==0));
    if (day>29)
    {
        f_alert(obj,"2月最多有29天");
        return false;
    }
    if ((day==29) && (!isleap))
    {
        f_alert(obj,"闰年2月才有29天");
        return false;
```

网站构建技术

```
        }
    }
    return true;
}
```

/*
功能:校验的格式为 yyyy 年 MM 月 dd 日 HH 时 mm 分 ss 秒,yyyy-MM-dd HH:mm:ss,yyyy/MM/dd HH:mm:ss,yyyyMMddHHmmss
提示信息:未输入或输入的时间格式错误
使用:f_check_time(obj)
返回:bool
*/

```
    function f_check_time(obj)
    {
        var time = Trim(obj.value);
        var dtype = obj.eos_datatype;
        var format = dtype.substring(dtype.indexOf("(")+1,dtype.indexOf(")"));
//日期格式
        var datePat,matchArray,year,month,day,hour,minute,second;

        if(/^(y{4})(-|\/)(M{1,2})\2(d{1,2}) (HH:mm:ss)$/.test(format))
            datePat = /^(\d{4})(-|\/)(\d{1,2})\2(\d{1,2}) (\d{1,2}):(\d{1,2}):(\d{1,2})$/;
        else if(/^(y{4})(年)(M{1,2})(月)(d{1,2})(日)(HH 时 mm 分 ss 秒)$/. test(format))
            datePat = /^(\d{4})年(\d{1,2})月(\d{1,2})日(\d{1,2})时(\d{1,2})分(\d{1,2})秒$/;
        else if(format == "yyyyMMddHHmmss")
            datePat = /^(\d{4})(\d{2})(\d{2})(\d{2})(\d{2})(\d{2})$/;
        else
        {
            f_alert(obj,"日期格式不对");
            return false;
        }
        matchArray = time.match(datePat);
        if(matchArray == null)
        {
```

```
        f_alert(obj,"日期长度不对,或日期中有非数字符号");
        return false;
    }
    if(/^(y{4})(-|\/)(M{1,2})\2(d{1,2}) (HH:mm:ss)$/.test(format))
    {
        year = matchArray[1];
        month = matchArray[3];
        day = matchArray[4];
        hour = matchArray[5];
        minute = matchArray[6];
        second = matchArray[7];
    } else
    {
        year = matchArray[1];
        month = matchArray[2];
        day = matchArray[3];
        hour = matchArray[4];
        minute = matchArray[5];
        second = matchArray[6];
    }
    if (month < 1 || month > 12)
    {
        f_alert(obj,"月份应该为1到12的整数");
        return false;
    }
    if (day < 1 || day > 31)
    {
        f_alert(obj,"每个月的天数应该为1到31的整数");
        return false;
    }
    if ((month==4 || month==6 || month==9 || month==11) && day==31)
    {
        f_alert(obj,"该月不存在31号");
        return false;
    }
    if (month==2)
    {
        var isleap=(year % 4==0 && (year % 100 !=0 || year % 400==0));
        if (day>29)
```

网站构建技术

```
        {
            f_alert(obj,"2月最多有29天");
            return false;
        }
        if ((day==29) && (!isleap))
        {
            f_alert(obj,"闰年2月才有29天");
            return false;
        }
    }
    if(hour<0 || hour>23)
    {
        f_alert(obj,"小时应该是0到23的整数");
        return false;
    }
    if(minute<0 || minute>59)
    {
        f_alert(obj,"分应该是0到59的整数");
        return false;
    }
    if(second<0 || second>59)
    {
        f_alert(obj,"秒应该是0到59的整数");
        return false;
    }
    return true;
}


/*判断当前对象是否可见*/

function isVisible(obj){
    var visAtt,disAtt;
    try{
        disAtt=obj.style.display;
        visAtt=obj.style.visibility;
    }catch(e){}
    if(disAtt=="none" || visAtt=="hidden")
        return false;
```

```
        return true;
    }


/*判断当前对象及其父对象是否可见*/

    function checkPrVis(obj){
        var pr=obj.parentNode;
        do{
            if(pr == undefined || pr == "undefined") return true;
            else{
                if(!isVisible(pr)) return false;
            }
        }while(pr=pr.parentNode);
        return true;
    }


/* 弹出警告对话框,用户单击"确定"按钮后将光标置于出错文本框上,并且将原来输入的内容选中。*/

    function f_alert(obj,alertInfo)
    {
        var caption = obj.getAttribute("eos_displayname");
        if(caption == null)
            caption = "";
        alert(caption + ":" + alertInfo + "!");
        obj.select();
        if(isVisible(obj) && checkPrVis(obj))
            obj.focus();
    }


/**
 * 检测字符串是否为空
 */
    function isnull(str)
    {
        var i;
        if(str.length == 0)
```

```
        return true;
    for (i=0;i<str.length;i++)
    {
        if (str.charAt(i)!=' ')
            return false;
    }
    return true;
}


/**
* 检测指定文本框输入是否合法。
* 如果用户输入的内容有错,则弹出提示对话框,
* 同时将焦点置于该文本框上,并且该文本框前面
* 会出现一个警告图标(输入正确后会自动去掉)。
*/

function checkInput(object)
{
    var image;
    var i;
    var length;

    if(object.eos_maxsize + "" != "undefined") length = object.eos_maxsize;
    else length = 0;

    if (object.eos_isnull=="true" && isnull(object.value))  return true;

    /* 长度校验 */
    if(length != 0 && strlen(object.value) > parseInt(length)) {
            f_alert(object, "超出最大长度" + length);
            return false;
    }
    /* 数据类型校验 */
    else {
        if (object.eos_datatype + "" != "undefined")
        {

            var dtype = object.eos_datatype;
```

```
            var objName = object.name;
            //如果类型名后面带有括号,则视括号前面的字符串为校验类型
            if(dtype.indexOf("(") != -1)
                dtype = dtype.substring(0,dtype.indexOf("("));
            //根据页面元素的校验类型进行校验
            try{
                if(eval("f_check_" + dtype + "(object)") != true)
                    return false;
            }catch(e){return true;}
            /* 如果form中存在name前半部分相同,并且同时存在以"min"和"max"结尾的表单域,
               那么视为按区间查询。即"min"结尾的表单域的值要小于等于"max"结尾的表单域的值。*/
            if(objName.substring((objName.length-3),objName.length)=="min")
            {
                var objMaxName = objName.substring(0, (objName.length-3)) + "max";
                if(document.getElementById(objMaxName) != undefined && document.getElementById(objMaxName) != "undefined" )
                {
                    if(checkIntervalObjs(object,document.getElementById (objMaxName)) != true)
                        return false;
                }
            }
        }
    return true;
}




/* 检测表单中所有输入项的正确性,一般用于表单的onsubmit事件 */

function checkForm(myform)
{
    var i;
    for (i=0;i<myform.elements.length;i++)
    {
        /* 非自定义属性的元素不予理睬 */
        if (myform.elements[i].eos_displayname + "" == "undefined") continue;
```

```
        /* 非空校验 */
        if (myform.elements[i].eos_isnull=="false" && isnull(myform.elements[i].value)){
            f_alert(myform.elements[i],"不能为空");
            return false;
        }
        /* 数据类型校验 */
        if (checkInput(myform.elements[i])==false)
            return false;
    }
    return true;
}


/**
 * 校验两个表单域数据的大小,目前只允许比较日期和数字。
 * @param obj1 小值表单域
 * @param obj2 大值表单域
 */
    function checkIntervalObjs(obj1 , obj2)
    {
        var caption1 = obj1.getAttribute("eos_displayname");
        var caption2 = obj2.getAttribute("eos_displayname");
        var val1 = parseFloat(obj1.value);
        var val2 = parseFloat(obj2.value);
        // 非自定义属性的元素不予理睬
        if (obj1.eos_displayname + "" == "undefined" || obj2.eos_displayname + "" == "undefined") {
            return false;
        }
        // 日期类型的比较
        if(f_check_date(obj1) == true && f_check_date(obj2) == true){
            var dtype = obj1.eos_datatype;
            var format = dtype.substring(dtype.indexOf("(")+1,dtype.indexOf(")"));  //日期格式
            val1 = getDateByFormat(obj1.value, format);
            dtype = obj2.eos_datatype;
            format = dtype.substring(dtype.indexOf("(")+1,dtype.indexOf(")"));
```

```
//日期格式
        val2 = getDateByFormat(obj2.value, format);
        if(val1 > val2){
        obj2.select();
        if(isVisible(obj) && checkPrVis(obj))
            obj2.focus();
        alert(caption1 + "的起始日期不能大于其终止日期!");
        return false;
        }
    }
    // 数字类型的比较
    if((isNaN(val1) && !isnull(val1)) || (isNaN(val2) && !isnull(val2))){
        alert(caption1 + "的值不全为数字则不能比较!");
        return false;
    }
    if(val1 > val2){
        obj2.select();
        if(isVisible(obj) && checkPrVis(obj))
            obj2.focus();
        alert(caption1 + "的起始值不能大于其终止值!");
        return false;
    }
    return true;
}
```

/*根据日期格式,将字符串转换成Date对象。
格式:yyyy-年,MM-月,dd-日,HH-时,mm-分,ss-秒。
(格式必须写全,例如:yy-M-d,是不允许的,否则返回null;格式与实际数据不符也返回null。)
默认格式:yyyy-MM-dd HH:mm:ss,yyyy-MM-dd。*/

```
function getDateByFormat(str){
    var dateReg,format;
    var y,M,d,H,m,s,yi,Mi,di,Hi,mi,si;
    if((arguments[1] + "") == "undefined") format = "yyyy-MM-dd HH:mm:ss";
    else format = arguments[1];
    yi = format.indexOf("yyyy");
    Mi = format.indexOf("MM");
    di = format.indexOf("dd");
```

```
        Hi = format.indexOf("HH");
        mi = format.indexOf("mm");
        si = format.indexOf("ss");
        if(yi == -1 || Mi == -1 || di == -1) return null;
        else{
            y = parseInt(str.substring(yi, yi+4));
            M = parseInt(str.substring(Mi, Mi+2));
            d = parseInt(str.substring(di, di+2));
        }
        if(isNaN(y) || isNaN(M) || isNaN(d)) return null;
        if(Hi == -1 || mi == -1 || si == -1) return new Date(y, M-1, d);
        else{
            H = str.substring(Hi, Hi+4);
            m = str.substring(mi, mi+2);
            s = str.substring(si, si+2);
        }
        if(isNaN(parseInt(y)) || isNaN(parseInt(M)) || isNaN(parseInt(d))) return new Date(y, M-1, d);
        else return new Date(y, M-1, d,H, m, s);
    }
```

/*LTrim(string):去除左边的空格*/

```
    function LTrim(str){
        var whitespace = new String(" \t\n\r");
        var s = new String(str);

        if (whitespace.indexOf(s.charAt(0)) != -1){
            var j=0, i = s.length;
            while (j < i && whitespace.indexOf(s.charAt(j)) != -1){
                j++;
            }
            s = s.substring(j, i);
        }
        return s;
    }
```

```
/*RTrim(string):去除右边的空格*/

function RTrim(str){
    var whitespace = new String(" \t\n\r");
    var s = new String(str);

    if (whitespace.indexOf(s.charAt(s.length-1)) != -1){
        var i = s.length - 1;
        while (i >= 0 && whitespace.indexOf(s.charAt(i)) != -1){
            i--;
        }
        s = s.substring(0, i+1);
    }
    return s;
}

/*Trim(string):去除字符串两边的空格*/

function Trim(str){
    return RTrim(LTrim(str));
}
```

## 五、课后训练

1. 在 JavaScript 中，使用_____函数将弹出警告提示框。
2. 在 JavaScript 中，使用_____函数将弹出提示信息框。
3. 简要分析在 Web 前端开发中，HTML、CSS、JavaScript 各自的作用。
4. 简述 JavaScript 脚本语言的主要特点。
5. 简述表单中 get 与 post 提交方法的区别。